U0243274

千寻 与世界相遇

千寻
Newread

选题策划　王小花
版权编辑　张烨洲
项目编辑　王小花
装帧设计　木　木　　王　锦
内文设计　常　跃
责任印制　盛　杰
营销编辑　王雪雪

あなたがひとりで生きていく時
に知っておいてほしいこと

离家之后的日子

〔日〕辰巳渚 著
王庆钊 译

给年轻人的
独立生活指南

晨光出版社

给即将离家独自生活的你

我写下这本书，是希望那些"即将离家开始独自生活的人"都来读一读；此外，希望那些"家中子女即将离家开始独自生活的父母"也来读一读。

或许其中一些读者，是因为母亲把这本书递到了自己手里才被迫阅读的。即便如此，也请允许我对翻开这本书的你，先由衷地说一声"恭喜"。

当你下定决心离开家独自生活，现在又把这本书拿在手上翻开，你就已经迈出了人生路上的一大步。我想，你的心里即便夹杂着对独自一人生活的不安，也一定是兴奋雀跃的吧。

也许有人不是出于自己的意志，而是因为工作上或家庭里有什么不得已之处才无奈要开始独自生活。如果是这种情况，即使你感到伤心或愤懑，也请试着把它当作一次机遇来看待吧。明明也有其他途径可以选择，但你最终还是接受了"独自生活"这一选项，仅此一点，你就已经在人生路上迈出了重要一步。所以，必须要对你道一声"恭喜"。

不过，独自生活的状态不见得会一直持续。你可能会跟某个人一起生活、结婚生子，也可能会与之分开后重新独居，之后又跟别的人一起生活——诸如此类的变化都有可能在未来的日子里发生，说不定，你还会重新跟父母一起生活。

但是，不论未来你与谁、在哪里一起生活，不论何时何地何种境况，你即将开启的这段独自生活的经历都一定会丰富你的人生，并永远支撑你。

＊独自生活能给你什么

从出生到现在，父母应该一直都百般呵护着你。自己捧在手心养大的孩子，一朝要放手让他／她独自生活，父母心中一定倍感不安与寂寞；可即便如此，他们还是希望你去体验这种生活，这又是为什么呢？

这是因为，他们希望你去体验"自立"。

"自立"这个词，常常被解释为"自己对自己的行为负责""自己发现并解决问题"等等，这听起来有点抽象。但父母对子女所期许的"自立"其实是更具体和更具实践性的，关于日常生活最基本的方面，是与父母一起生活时难以亲身体会的"生活与人际关系（社会性）"。

何为自立——

①认识"生活的流动性"

平安无事、精神饱满地出门去上学或上班，这看似理所当然的日常其实并不简单，其中最不可或缺的就是把生活好好维持下去的意志与劳动。从前住在家里，总是由母亲叫醒你，起床后早餐已经准备好了，出门要穿的衣服也已经洗得干干净净摆放在你面前，每天的日子都是这样度过的，对吗？但是，能过着这样看似平常的生活是因为有人为你付出了种种劳动。

如果你以前觉得"我还挺擅长做饭的，一个人生活应该也没问题"，那么你很快就会察觉到，仅仅能做出一餐美味饭菜的能力，与每天一边做其他事一边想着一日三餐吃什么，一边综合考虑冰箱库存与钱包余额一边维持生活的能力，完全不是一回事。

生活就像源源不断的洪流。就算这次扔了垃圾，可如果下次不去扔，房间转眼间就会变成垃圾场；如果没有时常购买食材去补充库存，冰箱很快就会变得空空如也；如果一个星期不洗衣服，内衣裤和袜子就会不够穿；如果毫无计划地花钱，到下次有钱进账之前，生活就会变得困难；如果不考虑邻居们的感受，在深夜弄出巨大的声响，那么很快就会有人上门投诉。

若是在父母或家人身边，那在你不知不觉间，垃圾就已经被丢出去了，冰箱里也始终有食物。所以至今为止，你都没怎么意识到"生活的流动性"，对吗？

只要经历过一次独居，就能理解生活的流动性，明白自己何时该做何事。而一旦懂得了生活的流动性，今后跟别人一起生活时，你应该也能与对方合理分担家务和育儿工作，共同建构好你们的生活。

②能够依赖"他人"

开始独自生活并稍稍习惯之后，你很容易觉得自己已经能独立搞定任何事。然而，你应该也会在某个时刻认识到"独自一人是活不下去的"——那个时刻就是你成长的契机。

当你晚上回到没开灯的房间，想着"真冷清啊""房间里凉透了，好冷啊"的时候；当你患上感冒卧床不起，朋友再多但是身边空无一人时，或许你会认识到独居生活的极限在哪里。

我认为："只有了解独居孤独的极限的人，才能真正依赖他人、与他人共同生活下去。"你可能会觉得自己什么事都能搞定，但是，即便你足够强大、不需要依赖他人，也请你学着去建构与他人相互扶持的人际关系。

被誉为"自我启发论先驱"的奥地利心理学家阿尔弗雷德·阿德勒（1870—1937）曾经说过："说到底，我们人生中所有的问题都是人际关系问题。"在人类社会中，人际关系对我们的影响如此之大。所以，只要重视人与人之间的纽带，坦率地承认自己需要"他人"，那你应该就可以克服大部分人际关系方面的问题。

在如今的时代，跳槽或离婚都是司空见惯的事，人际关系并非一成不变。将来，当你因为人际关系而苦恼的时候，下定决心离开让你困扰的关系或许也是一种必要的选择。我自己也是在独自生活时，学会了与他人建立关系，这是我身为人生前辈想要给你的建议。

③ "子女受父母保护"的关系发生改变

亲子关系从子女出生时开始，并且会一直延续下去。但我认为，当子女离开家开始独自生活时，此前已成习惯的亲子关系就该告一段落了。人们普遍认为结婚成家或工作赚钱是一个人自立的标志，但在我看来，开始独自生活就是毫无疑问的自立。

迄今为止，你应该一直生活在由父母备齐了各种日常器具和用品的家中，受到父母的庇护和照顾吧。然而，一旦开始独居，你就必须自己判断着去生活了，这也意味着子女受父母保护的亲子关系将发生改变。

我常常想：孩子是这个世界给我的恩赐。因此，当我的孩子要离开家独自生活时，我认为，应该以此为契机将孩子奉还给这个世界。这并不是说孩子要跟父母断绝关系，为难的时候向父母求助，既不丢脸也不是什么坏事；只不过，面对父母给予的支持和援助，从前可以心安理得地接受，但今后要在心中保持一点距离。这也可以说是"自立"与"自律"的开始。

而且，将来很可能会角色颠倒，出现父母依赖子女的情况。我想，无论亲子关系处于哪种时期，父母和子女都应该把对方当作平等的人来对待。我们不如就以子女离家开始独自生活为契机，重新认真审视亲子关系吧。

这本书将一一说明你在独自生活中必然会用到的各种知识与技巧。有些部分可能会让你觉得"这个我知道啊"或是"这种做法已经过时啦"，但是，书中写的都是人生中必须要做的事。请耐心把它读完吧。

从第一章到最终章，这本书按照独自生活开始后最初三个星期、三个月、半年、一年的顺序，以时间为线介绍了届时希望你能掌握的事；而这些事情也刚好与维持独自生活的优先级和重要程度由高到低的顺序相吻合。已经开始了独自生活的人也请务必从头开始阅读。

在你的人生中，一扇新的大门正在打开。请带着这份兴奋雀跃的心情，来了解你的新生活吧！

目录 あなたがひとりで生きていく時に知っておいてほしいこと

第一章

最初三个星期

为了生存而必须做的事

独居开始之后，你的时间都是如何度过的呢？你过着元气满满的生活吗？有没有什么让你发愁的事？从前总是理所当然出现在手边的干净衣服、热汤热菜如今都没有了，你开始感觉不便了吗？

　　今后，没有人再帮你做那些琐事了，生活中的一切你都必须自己动手。

　　"总之只要能吃上饭、睡着觉，就能活下去。"如果你是这样想的，那可有点让人担心啊。为了能做好自己想做的事，为了能好好回应周围的人对你的期待，更是为了能让你自己的生活好好延续下去，生活应该达到一种"应有的样子"——那就是你从前在父母家生活的样子。

　　请你试着回想一下。从前，你起床的时候洗衣机已经在转动了，到了你要出门时，母亲可能正在晾晒洗好的衣服；早饭都是准备好的，打开冰箱还能看见牛奶、蔬果汁和水果。等你晚上回到家，早上洗好的衣服已经被叠得整整齐齐收起来了，洗澡的热水也准备好了，洗脸台旁边摆放着干净的毛巾；洗发水或香皂用完之后，总能在柜子里找到储备的新品。

之前你应该一直心安理得地过着由父母安排得井井有条的日常生活，但是你可能也常常被父母要求做一些购物或做饭之类的家务吧。所以，即便你因为没有怎么学习过生活技巧而感觉不安，那也不要紧。离家之前那将近二十年里日复一日的生活经验，早已储存在你的身体里。你只要把那些经验一条一条地从记忆中提取出来，再按照自己的步调生活下去就可以了。请把在父母家生活的经验，当作最初三个星期的生活的基础吧。

刚开始的时候，你当然无法做得像父母那样得心应手；你现在住的这个房间，也不会很快变得跟你父母的家一样舒适。即便如此，你也要一点一点再现你在父母家的生活。那样一来，你应该就能平安地度过今天、健康地迎来明天了。

关于支撑你生命的"食"

生活的"衣、食、住"中最重要的一项就是"食"。如你所知，支撑生命运转的首先是"食"，身与心的健康也是由"食"来保障的。在离家之前，家人会准备好一日三餐，自己的身体状况也没有出现过严重问题，大多数人应该是这样吧。

从前你在父母家都吃些什么呢？米饭、味噌汤、炒蔬菜、烤鱼、牛肉汉堡、奶汁炖菜……想来母亲应该是按照你的喜好，再结合对营养的考量，精心准备你每一天的饭菜吧。但是今后，你送入口中的所有食物都要你自己准备了。

现在的确有很多能直接吃的食物，例如便利店的便当或方便面。然而，一旦你习惯了这样"轻松"地解决三餐，就很容易产生生活困扰：比如钱不够用，或是因营养不均衡导致身体容易累、经常感冒、早上起床困难等不良状态。

当然了，一开始独自生活不可能像父母那样好好准备每一餐饭菜。但是，不如就先从"煮好米饭、在家吃饭"做起，怎么样？

未来的日子，你会有忙得不可开交的时刻，也会有悲伤得不能自已的时刻。然而无论心情多么纷乱，只要你有能力为自己做一顿饭，那无论发生什么你都能应付得了。

✳ 煮饭煮两杯——家中常备一碗米饭

在家吃饭，最基本的就是米饭。米饭能让人有饱腹感，而且它跟任何食物都能搭配，所以配菜（也就是拌饭的菜）种类也可以丰富一些。最重要的是，它比面包什么的都要便宜呢。

我对独居者的建议是，晚上煮好两杯米饭。晚饭后让电饭煲持续保温，第二天的早饭也可以吃它。米一次煮两杯不但比只煮一杯更好吃，而且剩下的米饭还可以冷冻保存。米饭这种食物，冷冻保存并不会损失太多美味；要吃的时候只需用微波炉解冻一下，就和刚煮好的米饭一样，热腾腾又好吃。米饭煮好后，趁热把米饭分成小份用保鲜膜包好，一份是自己一顿的量，然后放进冰箱冷冻。不管是在电饭煲里还是在冰箱里，家里常备一碗米饭总会有用的。

如果你有兴趣，也可以尝试一下糙米饭或杂粮饭。做杂粮饭，只需要在白米里混入适量的杂粮米，再跟往常一样用电饭煲煮饭就行了。杂粮不但比白米含有更多维生素和矿物质，而且即便没有配菜，吃起来也能有满足感，可谓一举两得。

❄ 为米饭加分——先从"一饭一菜"做起

虽说有米饭吃就不会饿肚子，可如果只是在米饭上撒点盐来吃，那很快就会吃腻的，而且还会营养不良。

因此，我建议你准备一些可以跟米饭一起吃的东西。

请你稍微回想一下：你父母家的冰箱里都放着什么呢？是不是有拌饭海苔、梅干这类可以长期保存的食物呢？只要有这类可以长期保存的食物，以及纳豆、生鸡蛋，就能马上准备出一餐饭了——也就是"一饭一菜"。最近，好吃的罐头食品也越来越丰富了。要是能再准备一碗味噌汤，哪怕是速溶的味噌汤（方便食品），米饭、汤和配菜就可以组成有模有样的"一菜一汤"了。

接下来，等你更适应现在的生活之后，就可以尝试需要用菜刀和不粘锅的快手菜了。同样是鸡蛋，一开始你只会用生鸡蛋拌饭，慢慢可以试着做西式炒蛋和火腿煎蛋了。想再加一道菜的话，考虑到营养，可以选择蔬菜类。如果你能把黄瓜和西红柿切一切做成沙拉，或是用豆芽和卷心菜做一盘炒蔬菜，那就太棒啦。

如何煮米饭

1.

将两杯（电饭煲自带的量杯）大米放进盆一类的容器中。

2.

往盆里注水，水要没过大米，用手多次搅拌大米后把水倒掉，但不要让大米也被一起倒掉。这一步骤重复两次。

3.

洗米的水从白色变为接近透明之后，用手掌按压的方式继续洗大米。这一步骤重复两次。

4.

将大米沥干水后放置15~30分钟，再将其放入电饭煲，加入适量的水（电饭煲自带量杯两杯多一点）或是直接加水到电饭煲内壁上数字"2"所示的水位。按下煮饭键，开始煮饭。

5.

米饭煮好后，立刻用饭勺等工具轻轻搅拌。这样可以蒸发掉多余的水分，使米饭不会变得湿软。

想要冷冻保存的米饭，应趁热将其在保鲜膜上摊平，然后紧紧包裹起来。

拌饭菜和快手菜

不用开火的拌饭菜

纳豆
鸡蛋
海苔
拌饭海苔
豆腐
即食味噌汁
梅干
罐头
拌饭蘑菇
……

很快就能做好的快手菜

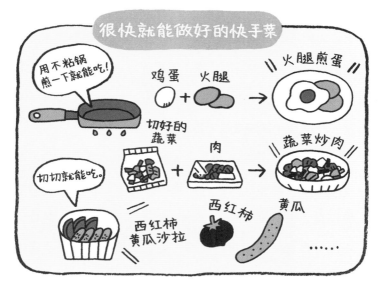

用不粘锅煎一下就能吃！

鸡蛋 + 火腿 → 火腿煎蛋

切好的蔬菜 + 肉 → 蔬菜炒肉

切切就能吃。

西红柿黄瓜沙拉
西红柿 黄瓜
……

❄ 必需的厨具和餐具——正因为是独居，工具才更不能凑合

搬家的时候，你有没有带来烹饪与饮食所需的基本工具呢？饭碗、汤碗、筷子、马克杯、用餐时手边用来夹菜的骨碟、吃咖喱饭或意大利面时必不可少的深盘，还有勺子和叉子。只要把这些东西备齐一人份，那么吃饭就不成问题。至于厨具，只要有了菜刀、砧板、炒菜铲、汤勺、不粘锅、汤锅，就能开火做饭了。

一个人过日子，免不了会经常购买方便的成品菜来吃。聪明地利用成品菜不是坏事，但是，请你不要养成把它们装在打包盒里就原样摆上餐桌的习惯。在取出盛放米饭和味噌汤的餐具时，也请顺便准备一个盛放成品菜的盘子，把菜好好装进盘子里再吃吧。

"食"并不仅仅是填饱肚子那么简单。即便是一个人过日子，只要你好好使用家里的餐具吃饭，内心就能获得满足，生活也会踏实。感觉麻烦、不想洗碗，但是又不想对付着吃一顿饭，我想，正是这种挣扎才能让你逐

常用的
厨具和餐具

饭碗

汤碗

砧板

筷子

勺子

马克杯

深盘

叉子

菜刀

不粘锅

骨碟

汤锅

烹饪用
长筷子

汤勺

炒菜铲

11

渐成长为独当一面、受人信赖的成年人。

请你铭记：如果因为贪图省事而在生活中处处将就，你的人生也会渐渐变成将就的人生。

❄ 烹饪必需的调料——糖、盐、醋、酱油、油

做饭时必然会用到的调料是食用油、盐、糖、酱油；此外根据自己要做的菜，再买来醋、高汤块等等就可以了。根据个人口味，你可能还需要蛋黄酱、番茄酱、辣酱等等。

至于调料的品牌，你不妨先选择在父母家吃惯了的那些品牌。同样是盐或糖，不同品牌的产品味道也会出人意料地有些不同。先购买那些自己已经吃惯的，今后再根据自己的口味来慢慢调整吧。

不论购买哪种调料，一开始都请选择小包装。如果还没搞清楚自己的使用频率和用量就买下大容量的调料，

很可能无法在保质期内用完，只能丢弃，造成浪费。如今在超市就能买到小包装的调料，所以，请循序渐进地购买自己所需的调料吧。

另外，我想提醒你注意糖和盐这类袋装调料的保存问题。请务必别怕麻烦，把这类粉末状的调料倒入专用的容器中保存。如果把它们一直放在原来的塑料袋中，不光使用时不方便取出，而且它们还可能因为受潮而变质。用来保存这类调料的专用容器可以在超市或是家居建材城的厨房用品专区买到。

如果你想要过上有品位的生活，那么在选购外观设计令自己心仪或使用起来格外顺手的日用品这件事上，就不要吝啬时间和精力哦。

接下来，你要决定摆放调料的位置。糖、盐和食用油可以常温保存，最好摆放在做饭时方便取用的位置；蛋黄酱这类容易腐坏的调味品则务必收进冰箱。调料的保存方法都写在外包装上，买来之后别忘了看一眼哦。

❉ 保存食材的重点——购买能用完的量

最近用手机就能搜索到操作简便的菜谱，所以，除了简单的米饭，你不妨参照着那些菜谱尝试去做几样稍微费些工夫的菜。

此时，我想要提醒你注意购买食材的分量。买菜时，请尽量只选购必需的东西，只买用得完的分量。因为单价更便宜而买下一整颗很大的卷心菜，结果因为吃不完而浪费掉——请你千万避免发生这种情况。

如果你非常擅长烹饪，一两顿可以吃完一颗卷心菜，那就另当别论了。蔬菜如果一直搁置在冰箱里不食用，会渐渐变得不新鲜，味道和营养都会大打折扣。买菜时要买一个星期内吃得完的量，比如土豆或洋葱也不要买太多，而是一次只买一两个。

另外，买菜回家之后不要想着"先放一下"，就把食材留在塑料购物袋里。即便你放下购物袋时想的只是"先放一下"，可是过后再去把食材取出来收好你可能会觉得更麻烦，结果食材就一直被留在购物袋里了。这样的话，不光取用不便，食物也更容易腐坏。

买回来的东西有一些应该放入冰箱保存，有一些要放在干燥阴凉处，还有一些放在哪里都没关系，请立刻把它们放到该放的地方。叶菜类、火腿、鸡蛋等收进冰箱；土豆、洋葱之类放在阴凉处避光保存；果酱呀，调料呀，放在厨房的架子上或柜子里都可以。

大米也一样，刚开始不要买十公斤、五公斤装，就买两公斤的小包装吧。如果你爱上了自己做饭，一个月能用完五公斤大米，那就之后再按照一个月的用量去购买。大米在高温潮湿的地方会慢慢变质，请把它密封好放在阴凉避光的地方。

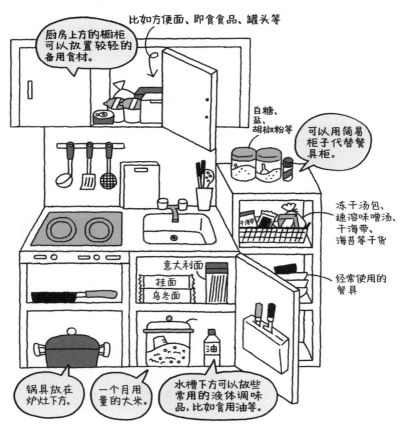

冰箱里……

冷冻室

冷藏室

保鲜室

17

有一些食材是我们"家中常备不用愁"的，比如洋葱、土豆、胡萝卜等等。它们比较耐储存，不需要着急吃完，而且可以用在很多种菜式上，比如咖喱饭、炖菜，以及各种煮菜或炒菜，还能做汤。只要常备这几样，你应该就能随时做出一道菜来。

另外，像卷心菜、生菜、黄瓜、西红柿这类蔬菜，尽管不耐储存，但可以生吃，所以我也建议你在冰箱中常备着，用来随时解决蔬菜摄入不足的问题。除此之外，鸡蛋、黄油、火腿、香肠等等也是我建议你在冰箱中常备的便利食材。

像这些比较耐储存、用起来又很方便的食材，你不妨花些心思，趁着家附近的超市打折时多买些。自己做饭本来就是最有效的节约手段之一，如果能买到便宜的食材，那节约效果就能更上一层楼了。

你有没有用过干货呢？说到节约，最不可或缺的就是干燥食品了。方便面也属于干燥食品，但远远不止于此；海苔和干海带，乌冬面、挂面、意大利面等干面，在家中常备也很不错。这些东西在非高温潮湿的环境下可以储存两到三个月，紧要关头能解燃眉之急。

当你开始自己做饭，经过一次次尝试之后，有朝一日你只要看一眼家里都有什么食材，脑海中就会自动浮现出能用它们做出的菜式。这样，你也就学到了"用冰箱里现成的东西做出一顿饭"的生活智慧。到那时，你在"食"这方面的开销应该也会有很大变化。

❇ 应急的食物——准备一些马上就能吃的东西

一个人过日子，总会遇到为吃饭发愁的时候。比如生病了身体不适，无法外出采购或就餐；比如晚上很晚才饿着肚子回家，累得不想再动手做饭……今后，应该会出现不少让你心里萌生"有没有人能给我做顿饭啊"这种想法的时刻。但是，对独自生活的你来说，这种时刻也只能靠自己。

这时，如果家里有一些马上就能吃的东西，危机就迎刃而解了。干面、即食米饭、方便面、罐头、速食冻干汤等等，像这样既容易保存又不用开火就能吃的食品，你可以在家里常备一些。

最近市面上出现了多种多样不仅好吃还很有营养的冷冻食品，尽管价格略高，但我仍然建议你把它们作为应急的食物储备在家中。

最想要提醒你注意的是，千万不要觉得只要填饱肚子就行，于是拿零食或甜品去代替正餐，还有不少成年男性会用啤酒和下酒零食充当晚饭。我希望你最好能用心吃饭，均衡地摄取营养。

便利店食品也可以很健康

换一样，更健康

奶油甜点 ➡ 酸奶

碳酸饮料 ➡ 蔬果汁

夹馅面包 ➡ 饭团

蛋糕 ➡ 什锦水果

如果是晚餐

通过组合搭配实现健康饮食

油炸食品 ✛ 沙拉

关东煮 ✛ 饭团

即食意大利面 ✛ 水果

为了让身心得到充分休息而要做的事

　　请你想一想，你现在的家让你感觉舒适吗？所谓"家"应该是个可以治愈人心的场所，它有一项重要的功能是让人在一天的忙碌之后休整疲惫的身心，这样，第二天才能再次精神饱满地做事。我想，从前你住在父母家时，每次回家一打开门，心情就会立刻放松下来吧。那现在呢？回到你自己的新家，也能像以前回到父母家那样放松心情吗？还是说，你还没有完全适应新家，无法彻底放松呢？

　　但是，这也没什么可着急的。让新家变成一个能够放松下来休整身心的场所，是需要花费时间和精力的。请你不妨从现在开始动手，让家慢慢成为让你感觉舒适的地方吧。

最重要的是你能否安心地待在这个家里。如果家里有令人不快的气味或噪音，恐怕无论如何也无法感觉舒适；再比如，家里太热、太冷，或是太潮湿，那长时间待在家里就成了一件让人难受的事。我们都希望家里能保持清洁，并且温度和湿度适宜，不过标准也是因人而异的。一旦你感觉在新家里无法放松，那一定有什么原因。首先你要自己去思考原因到底是什么，随后采取对策。

❄ 确保睡觉的空间——找到能放松入眠的地方

搬家的时候你有没有考虑过，你在这个房子里具体睡在哪里呢？尽管榻榻米与四角床之间有些差别，不过人一旦决定在哪儿睡觉，通常就会一直睡在那个地方了。如果你在现在的家里觉得睡得不沉或是睡不安稳，那可能是因为你睡觉的位置不大好。所以，请你从一开始就去关注你选择睡觉的地方能否让你睡个好觉，如果有任何让你觉得不安稳的因素，都请重新打量一下你睡觉的空间。

在你决定睡在哪儿时，首先要考虑在哪个位置、头朝着哪个方向睡觉是安全的。你的新家并不宽敞，恐怕很难腾出一块周围什么都没有的空间。可一旦发生地震，周围的东西会不会掉落下来造成危险呢？请你认真考虑这个问题。书架、衣柜、电视机、微波炉……请不要选择在这些重物附近睡觉；要是无论如何也难以避免睡在它们附近，那就马上去购买固定它们的工具，防止它们倾倒或掉落伤害到你。

接下来请你考虑一下什么位置能让你睡得更好。那个位置空调的风会直吹吗？要是靠近房门，可能会被邻居家的噪音影响；冰箱附近也是，压缩机启动的噪音可能会打扰到你；至于窗户附近，从缝隙里透进来的风还有冬季窗上凝结的水都可能让你不舒适。

还有，如果你在壁橱或衣橱前面睡觉，就会给开关橱门带来不便。长此以往，本该收进橱柜里的东西因为不方便而没能及时收好，不知不觉就都堆放在外面了。

如果一直挑三拣四，那也会没完没了。不过你的家里一定有一个"这个家的最佳睡眠场所"，请你多多尝试，直到自己满意。

❄ 将"家的气味"变成"自己的气味"——嗅觉能让人安心

你知道吗？每个家都有独特的气味。想想看，你的爷爷奶奶家是什么样的气味？在经历了长久岁月的家里，可能会有灰尘和发霉的气味；如果是每天在神龛前供奉香火的人家，可能会有燃香的气味。你父母家里有什么样的气味？可能有你母亲每天洗衣服时使用的柔顺剂的气味，如果家里养了宠物，也可能有宠物散发出的气味。

据说，嗅觉是一种非常原始的感官。由于嗅觉跟回忆相关联，所以气味有时会唤起你对过去的怀念。换个角度来说，如果长时间处于尚未习惯的气味中，你可能无法安心放松。

如果你的新家里有让你介意的气味，只要时常通风、认真清洁，那些气味应该就会随着时间渐渐消失。

如果气味真的让你特别介意，我建议你经常用湿抹布仔细清洁你的家。你可能会觉得麻烦，但这样沾水擦洗的方法相当奏效。窗户、墙壁、地板、榻榻米，还有门等，只需要在第一次清洁的时候打扫干净就可以，平时你就只需要擦洗厨房、地板之类污渍显眼的地方。用清水擦洗，再好好通风，这样做就可以让不美妙的气味消失。不久，你的家里就会充满有你个人风格的、你的生活的气味。肥皂的味道，洗衣柔顺剂的香气，化妆品、护肤品或是发蜡的气味，等等，这些你自己在生活中会使用的日用品散发出来的气味应该很快就会充满你的房间。

家的气味，就是住在那个家里的人的生活气息。如果它慢慢变成了沁人心脾的气味则没有问题，但你千万别让它在不知不觉间变成让别人觉得难闻的气味啊。令人意想不到的是，让别人讨厌的"臭味"往往是本人难以察觉的。要是自己家里充满了难闻的生活臭气，那可就要好好注意了。

❋ 准备好垃圾桶——防止家里变脏的第一步

过日子的每一天都会不断产生垃圾。毫不夸张地说，生活就是一场跟垃圾的斗争。所以，要想让你的家成为舒适的场所，最有必要的事情就是处理好垃圾。

如果你好好准备垃圾桶、把垃圾丢在垃圾桶里，会比你将就着把垃圾丢进便利店或超市的塑料袋里更能保持家里干净整洁。而且，如果用超市塑料购物袋代替垃圾桶来使用，很容易渐渐忘记那些袋子其实也是"垃圾"；一不留神，家里可能就到处都是装着垃圾的塑料袋了。

要是有了垃圾桶，你就会意识到垃圾装满了垃圾桶就应该及时把它装进垃圾袋扔掉，并且慢慢养成这样的习惯。

垃圾要扔进垃圾桶里——从前你住在父母家时，应该已经养成了这样的习惯。所以，即便现在你是独自生活，只要准备好垃圾桶，应该也能轻松做到这一点。

不光房间里要准备垃圾桶，厨房里也要准备好"厨余垃圾""可回收垃圾"等分门别类的垃圾桶。还有，即便垃圾桶还没被装满，也请务必及时把里面的垃圾处理掉。频繁而少量地处理垃圾，比攒下很多垃圾一起处理要更加轻松省事。

❄ 关于厨余垃圾——避免制造出臭味的根源

在所有的生活垃圾中，厨余垃圾或湿垃圾最需要我们格外注意。蔬菜不能食用的部分，还有剩饭剩菜，如果一直被留在厨房水槽的垃圾滤网里，在盛夏时节只要一个晚上的时间就会产生难闻的恶臭，说不定还会招来蟑螂呢。

就算再麻烦，也请你务必养成不让厨余垃圾在水槽里过夜的习惯。睡前把厨余垃圾滤水后装进垃圾袋，再

厨余垃圾的处理方法

厨余垃圾专用滤网

等水彻底滤干后……

倒进垃圾袋

扎紧后放入厨余垃圾专用垃圾桶

三角形滤水篮

厨余垃圾专用垃圾桶推荐

100日元*就能买到

有盖垃圾桶

脚踏开盖式垃圾桶

不让臭味跑出来很重要!

* 1 日元约为人民币 0.05 元。100 日元约为人民币 5 元。

放进厨余垃圾专用的垃圾桶里。如果用有盖的垃圾桶来存放厨余垃圾，那在卫生方面就更叫人放心啦。

另外，厨余垃圾千万不能扔进房间内用来盛放日常纸屑之类垃圾的垃圾桶里，吃完的冰激凌和甜品的外包装也要及时扔进专门的垃圾桶中。因为这些垃圾不仅会导致残留的水分渗出弄脏垃圾桶，气味难以消散，以致污染房间，而且说不定还会招来虫子。

❄ 扔垃圾的方式——留意邻居的目光

处理垃圾是我们生活中最需要格外留心的事。不过，如果你认真了解并熟悉了规则，这也就不是什么难事了。对于你居住地区的垃圾分类方法，你有没有好好确认过呢？

各个地区在垃圾处理方面的规定有很大区别。只要好好了解一下居住地区对于垃圾的要求，你就能了解当地的垃圾回收方法。

扔垃圾这件事是邻里之间最密切的接触点。如果你按规矩扔垃圾，就能赢得邻居们的信赖。请你不要觉得总被人盯着很郁闷，而应认真自律，并从另一个角度来看待这件事——"既然被人盯着，那就认真做好"。

处理垃圾的方式也需要你稍加留意。比如吃完烤串剩下的竹签这类尖锐的东西，为了不伤到回收垃圾的人，应该把它们折短或是包起来再放进垃圾袋；厨余垃圾呢，为了不让它漏水或散发臭味，应该尽可能滤去水分之后再装进垃圾袋；诸如此类。一边往车站走一边把垃圾随手一丢，这种扔垃圾的做法并不可取。

处理垃圾时小心谨慎不光是为了方便他人，也是为了你自身的安全。比如，快递或邮件应该去除地址和姓名之后再丢弃，会暴露自己的学校或工作单位的特殊物品也要经过处理后再丢弃；对女性来说，内衣等不愿被他人看见的东西应该装进袋子后再丢弃；如果垃圾中有金属罐、玻璃瓶等放下时会发出响声的物品，请务必确保这些声音不会给邻居们造成困扰。

你当初搬家时使用过的纸箱已经慢慢清空了吧。纸箱清空后，应该立刻整齐叠放好，扔到可回收垃圾桶内。要是你搬家三个星期之后家里还有纸箱，那就有些拖延了。

❈ 调整生活节奏——早睡早起精神爽

在你独自生活的家里，不论你做什么、几点起床，都不会有人管；不论你在家时穿什么样的衣服，都不会有人说你的不是。所以当一个人刚刚开始独自生活时，生活节奏很容易变得混乱。

一旦生活节奏陷入混乱，你的身心就会无法正常运作，而且也会给你的社会生活带来阻碍。早上最晚也要在八点之前起床，沐浴清晨的阳光；晚上则应该在午夜十二点之前钻进被窝，保证充足的睡眠。请你认真管理自己的睡眠时间，每天起码要睡够八个小时。当然，总有些时候会身不由己，不过还是请你趁早建立适合自己的生活节奏。

还有，就算你回家时再累，也不要穿着外出时的衣服睡觉。这不只是因为从外面带回来的灰尘和污垢会弄脏你的寝具，还因为这会让你的身体无法放松下来。睡觉前要清洁自己的身体，再换上舒适的睡衣或家居服。

独居的人好像大多选择淋浴而不是泡澡，不过时间允许时，还是请你在浴缸里泡个热水澡。把身体暖透可以驱走疲劳，而且神经放松后也能睡得更沉。若是居所附近有公共澡堂，你也不妨常去光顾。

❖ 不明白的事要马上去解决——请教明白人

打扫房间的方法、处理垃圾的方法、做饭的方法等等，有任何让你不明白的、发愁的地方，都请马上想办法把问题解决掉。假如你打算把问题攒起来，之后一并弄明白，那很容易就会忘掉，等到再遇见同样的问题时，你就会懊悔没有早点把问题解决掉。不如在遇到问题时当场把它解决掉，这样你自然就能慢慢学会很多生活技巧了。

　　如今，网上会介绍多种多样的做家务的窍门，你不妨从中选择一些自己做得到的技巧去实践一下。不过，真正掌握着生活智慧的仍旧是那些人生中的"前辈"们。请你不要嫌麻烦，先去问问自己的母亲或是身边其他擅长做家务的人吧。

保持仪容整洁

外表整洁的人往往受人信赖；相反，若是你给人邋遢的印象，就会被视为一个无法好好管理自我的人，因此也就不值得信赖。当你开始独自生活之后，有没有把忙碌当作理由，渐渐忽略了自己的仪容呢？

比如，连着几天都穿着相同的衣服，或是因为没有人催促你去洗澡，结果就一直不洗澡。这样下去，尽管你自己很难察觉，但你可能已经开始散发出令周围的人感到不适的臭味了。会散发臭味的不只你的身体，如果家里一直无人打扫，房间里的臭味也会沾染到你身上。这样过不了多久，你就会在不知不觉间被周围的人贴上"邋遢"的标签。

保持整洁这件事再也不像你从前在父母家那样轻松

了——只需要考虑自己身体的清洁，洗澡时洗干净身体和头发、好好刷牙就可以。独自生活之后，只做这些是远远不够的。

穿脏的衣服要洗干净，还要整齐叠放或是挂在衣架上，方便下一次穿。要打扫房间、通风换气，不要让家中长期弥漫着生活中产生的各种气味。只要每天都这样做，点滴积累，你就会成为一个整洁的人。

虽说没有必要为了卫生而变得神经质，但也绝不能因为忙碌和麻烦就觉得差不多得了，选择对许多小事视而不见。这些小事单个看来似乎都不值得在意，可是一旦积少成多，就会导致你在某一时刻彻底失去"整洁"。

❄ 在家里放一面镜子——用旁观者的目光检视自己的仪容

你现在的家里有镜子吗？常言道，"以人为镜，矫正自身"，自己的外表自己是看不到的。为了确认自己在别人眼中的样子，你就需要一面镜子。

你父母的家中应该有家人一起使用的大镜子吧，那么你的新家有什么样的镜子呢？是不是只有洗脸台上方那一块小小的镜子呢？那块镜子恐怕只能照见你自己的脸。

正因为你现在是独自生活，为了能客观地打量自己，请你在家里放一面全身镜吧。

每次出门前，就算再匆忙，也请你务必检查一下自己睡乱的头发有没有整理好、衣服是不是皱皱巴巴、领口歪不歪、内衣的颜色有没有透出来等等。另外，最好能时常站在镜子前用旁观者的目光好好打量一下自己，看看有没有因为睡眠不足而面容浮肿，有没有因为营养不均衡而皮肤粗糙，等等。

至于刷牙、洗头发、剪指甲之类从前就一直都有的日常卫生习惯，即便你一个人生活，没有父母唠唠叨叨提醒你，也请你继续保持下去。

独自生活中需要洗的衣服比较少，这让洗衣服这件事显得有点麻烦。但是，穿干净的衣物是保持整洁的重要前提条件。与皮肤直接接触的内衣、袜子等，看上去好像不太脏，其实都沾染了汗水及皮脂，应该每天更换。尤其是夏季，衬衫、裤子也要每天换洗，否则就会出现汗渍和异味。

如果你自己家里有洗衣机，请你尽量准备一个专用的篮子或袋子来存放需要洗的衣物。请一定不要把脏衣物都丢在洗衣机里，即便你打算第二天就洗衣服。脏衣物上的细菌会悄悄繁殖，使洗衣槽发霉。这太不卫生了，请一定注意。

还有，如果你习惯把脱掉的衣服随手放在房间地板上，或是搭在椅子背上，这些衣物就会在不知不觉间堆积成山。这样虽然乍看之下并不脏，但家里已经到处飘荡着汗水和污渍散发出来的臭气了。如果你又把干净衣服放在堆积成山的脏衣服附近，就会渐渐分不清哪些是脏衣服、哪些是干净的衣服了。

即便你不能每天都像父母那样把衣服叠整齐收进衣柜，那也请你为自己定下些做得到的规矩，比如内衣要收在固定的地方、不想弄皱的衣服要用衣架挂好等等，这样家里就不会出现好几座衣服堆成的小山了。

另外，如果你没办法每天都洗衣服，也可以给自己定好规矩，比如每星期洗两次。如果任由脏衣服一直积攒下去，你就会越来越觉得麻烦，也就懒得动手了。少量的衣服洗完后，晾晒和整理都比较省力，所以反而可以轻轻松松完成。

最近，便利的洗衣店也越来越多了。如果你想把衣服留到周末一起清洗，去光顾这样的洗衣房也是一个不错的选择。但是请注意，可不要因为几个星期都没洗衣服导致没有干净衣服可穿哦。

❄ 衣服的晾晒与收纳——洗好的衣服会以你晾晒它 的形态慢慢变干

洗完衣服就要立即把它们晾干。你可能会觉得在烘干机里烘干就行了，但有些衣服是不能用烘干机烘干的。

晾晒衣物，关键是要趁着衣服还潮湿时就把它的形状整理好。如果是挂在衣架上晾干，就用双手用力拍打衣服，把衣服上的褶皱拍平。衣领和袖口也一样，要拍打、抻平去除褶皱。毛巾或是内裤这类贴身衣物在晾晒前应该用力抖动几次，这样不光能抻平褶皱，还能防止它们晾干后变得硬邦邦。用带夹子的晾衣架晾衣服时，要用两个夹子夹住衣服的两角，让它充分伸展。

洗好的衣服会以你晾晒它的形态慢慢变干，所以，只要你晾衣服的时候好好抻平衣服上的褶皱，穿的时候就不会皱巴巴了。

独自生活时，根据每天在家的时间长短及安全方面的考虑，可能你更多会选择在室内晾衣服。这种情况下，一不留神就会随手把衣服晾在窗帘杆上。但是，窗帘杆可不是晾衣杆。窗帘杆不能承重，一旦挂上重物很可能马上就会变弯；而且，窗帘上往往落了很多灰尘，并不干净，在那里晾衣服也不太卫生；再者，潮湿的衣服在窗帘杆上挂好几个小时还会弄湿窗帘，有可能使窗帘发霉。

如果想在室内晾衣服，就要准备落地式或伸缩式的晾衣杆，并在通风状况良好的地方——比如窗户附近，选择一处固定的晾衣场所。或许你也听说过"室内晾衣臭"吧？那是由于衣服是阴干的，细菌在潮湿的地方繁殖而产生了臭味。紫外线具有杀菌作用，要是能在室外晾晒，衣服受到阳光照射，就不会出现细菌繁殖的情况了。如果只能在室内晾衣服，那就请你把厚重、不易晾干的衣服烘干，尽量只在室内晾那些容易干的衣服和内衣之类的小件衣物吧。

另外，如果晾干的衣物还没收走就在旁边挂上了刚洗好的湿衣服，那么好不容易晾干的衣物可能又会被沾湿，并逐渐散发出臭味。晾干的衣物应该尽早挂到别处，或是收进衣柜里。要是你觉得叠好并收起来太麻烦，也可以单把内衣、袜子分出来放在篮子里。

你觉得这些事情麻烦吗？但是，从前父母一直都是这样做着这些事的。虽然你没必要完全按照父母的做法去做，但正因为你现在独自生活，才更应该不嫌麻烦地给自己定好洗衣服的程序并实践下去。这样一来，你的生活才会更加轻松省事。

洗涤用品的种类

洗衣液

漂白剂

柔顺剂

洗衣服的注意事项

浅色衣物与深色衣物
要分开洗涤

袜子之类的衣物如
果有臭味，先简
单手洗再放进洗
衣机洗涤

把衣物的形状整理
好后再晾晒

双手用力
拍打！

晾好之后把
褶皱抻平

毛巾先用力抖
几下再用夹子
夹好晾晒

用力抖一抖
再晾，毛巾就
不会变得硬
邦邦啦！

✳ 去除家中臭味的根源——"生活臭"是你自己无法察觉的

刚才我提到过，要把家里的气味慢慢变成你自己的气味。如果你的家中已经有了让你感觉舒适的气味，那就侧面证明你的独居生活进展得很顺利；可要是朋友来到你家时感觉房间里有点难闻，那你可就要当心了。你的生活气息，对别人来说可能是一种令人不快的"生活臭"。

不论什么样的家，只要有人在其中生活，都会产生"生活臭"。如果你是个抽烟的人，为了避免烟味的聚集，就应该经常开窗通风，偶尔清洗窗帘也能大大减轻臭味。如果有发霉和灰尘的气味，则是由于不常打扫导致的。为了让家中的气味不至于发展成会沾染到衣服上的恶臭，你必须要保持家里的整洁。

臭味往往来自脏衣服上的皮脂、厨房的油污和厨余垃圾等等。有些人会使用除味剂、空气清新剂之类的产品来消除家中的气味，但那样做只能减轻臭味，无法去除污垢；即便有效，也是暂时的，无法消除臭味产生的根源。而且，如果长期使用这类产品，家中难免会残留一些化学成分；如果你本身体质对此较为敏感，这些成分就有可能给你的健康带来损害，千万不可大意。

先前讲到，我认为，最适合用来去除气味的方法就是用水擦拭清洁。先用扫帚清理垃圾，再用湿抹布擦拭，向来是家中打扫的基本做法。如今已经有了地板专用的一次性湿巾等产品，不过其中有一些添加了化学制剂，因此我还是推荐你尽可能使用清水擦拭；再说，这还更省钱呢。

做法很简单。只要把用水洗过的抹布用力拧干，再去擦拭手或是身体会接触到的地板、门、门把手、墙壁等表面就可以了。仅凭这一步，就不光能去污，还能除臭。

这种擦拭清洁法最好使用容易用水清洗的棉质抹布，比如从酒店拿回家的那种薄薄的毛巾，或是穿旧的 T 恤，等等。不需要特意去买抹布，就用家里现成的东西也没问题。

还有，抹布用脏之后要马上洗干净。要是用已经弄脏的那一面继续擦拭，会把污垢带到别的地方去。当你清理严重的油污之类的污渍时，也可以用准备丢弃的旧 T 恤或用了太久的毛巾等制成的废布头，擦完污渍后可以直接扔掉。如果你有旧 T 恤什么的打算丢弃，不妨把它剪成小块存放在废纸盒里，必要时就能拿来擦拭污渍再扔掉，非常方便。

❄ 关于被褥和寝具——铺着不收拾是不洁的开端

在你起床之后，被褥是什么状态呢？如果是榻榻米房间，想要保持家里空间宽敞，就要把被褥认真叠好、收进壁橱。不过由于独自生活没有人盯着管着，所以你可能不会收拾被褥，就让它们在原地铺着。然而，被褥可不能就那样摊在原地。如果被褥一直摊放在地板上或榻榻米上，由于透气性差，很容易发霉或者滋生螨虫。另外，被褥也可能由于空气潮湿而结块变硬，让你睡起来感觉

46

不舒服。如果你觉得把被褥收进壁橱这件事很麻烦，那只要起床后把被褥叠好，就放在地板上也没关系。叠被褥前先把它们拎起来用力抖一抖，附在上面的灰尘自然就会落下来。

如果你在家睡的是床，就在起床后把被子叠起来，让床垫和褥子可以接触到空气。想要保持寝具的清洁，最重要的就是让它们接触空气。

另外，如果你休息的日子刚好是晴天，就把被褥拿出去晒一晒，哪怕只晒五分钟也好。不能晒很长时间也没关系，只要稍微晒一会儿太阳，被褥就能在很大程度上保持清洁。还可以把床上的寝具移走，让床垫充分地接触空气和阳光。

床比我们想象的更容易累积灰尘，因此每个星期都应该用吸尘器打扫，给它配上自带的吸床专用的吸嘴就可以了。还有，枕套和床单跟内衣一样会被人的汗液及皮脂弄脏，每一到两个星期就应该换洗一次，以保持床铺的卫生。

❄ 勤于打扫——"小扫除"能让家里保持干净

一个人生活，肯定没必要每天都把家里彻底打扫一遍。但是收拾整理是另一回事，这项工作每天都必须要做。不过这不妨等到你的生活进一步稳定下来之后再去考虑，所以这个话题我们后面再说。

我们先来说说打扫卫生的事。打扫卫生，起码每个星期要做一次。我建议你把每个星期在家休息的其中一天定为自己的"扫除日"。当然了，你打算在休息日做的事应该有很多吧，但打扫并不费时，只需要十五分钟到三十分钟就足够了。

为了让打扫卫生这件事变得简单，最有效的方法是在每天的日常生活中做好"小扫除"。比如，洗脸台上掉落着头发、厨房地板上有汤汁洒落的痕迹、餐桌上有杯子留下的圆形污迹、玄关有泥土……当你留意到这些时，就把脏的地方简单打扫一下。像这样的"小扫除"，能让每个星期一次的"大扫除"变得格外轻松。

到了"扫除日"，就按照"先上后下"的顺序，先打扫衣橱、书架、餐桌，最后再清洁地板。地板以上的扫除对象主要是灰尘，可以选择你自己觉得趁手的除尘掸或传统的掸子等工具，在灰尘结块固着之前把它们掸落。

掸落灰尘之后，就该打扫地板了。即便看上去没有什么明显的污渍，可地板上已经掉落了不少灰尘，还有细小的垃圾和毛发。首先把放在地板上的物品移到餐桌等高处，再用吸尘器或是扫帚把地板一口气打扫干净。如果一边移动放在地板上的东西一边打扫，反而会更加费事。

❄ 打扫容易被遗忘的角落——不要让视而不见成了习惯

住在自己现在的家里，你有没有发现，有些地方是你很容易忘记打扫或是倾向于视而不见的？比如浴室和厨房水池的排水口、煤气灶台周围、马桶等等。

如果浴室的排水口堵住了，水就无法顺畅地排走；厨房水池的排水口如果沾着厚重的油污和黏液，就会散发出恶臭，同时影响排水；煤气灶台变得油腻黏糊；马桶上沾着污渍……要是你因为讨厌这些臭味和脏污而不愿意进厨房做饭或忍着不去厕所，那问题就严重了。

对至今一次也没有打扫过这些地方的人来说，可能就连意识到这些地方需要打扫都很难；而且，要常常去留意这些地方对有些人来说也未免有些困难。因此，请你在一开始就给自己定下规矩，每星期一次的"扫除日"必须去清理这些地方。这样一来你就能慢慢养成习惯，进浴室泡澡时不自觉地就会去检查地板有没有发霉、排水口有没有堵住，等等。

浴室的地板和墙面如果长期不清洁，就会出现粉色的霉斑或手感滑腻的污渍，因此请你在每次注意到时都用刷子稍微刷一刷，再用水冲一冲。如果排水口堵塞了，先把堵在那里的垃圾掏出来扔掉再用刷子刷。如果厨房的灶台因为油烟而变得油腻，就用废弃的布头去擦拭。还有玄关，尽管每天都会经过，却常常会被我们忽略。玄关的尘土很容易进到房间里来，所以请你先把不穿的鞋子都收起来，然后用笤帚去清扫；清扫时，如果你还能同时留心玄关外面，把自家门前也清洁干净，那么你就有可能得到邻居们的称赞。

保持健康

　　离开父母独自生活之后，你的健康就只能自己去操心了。从前被人唠叨"早睡早起""多吃蔬菜"的时候，你心里或许觉得很烦；但现在回头想一想，家人口中的那些话，其实都是对你身体的关心啊。

　　现在，除了你自己，身边没有人会关心你的身体了。你必须要随时绷紧"健康管理"的那根弦，提醒自己"今天太累了，不如早点睡觉吧"或是"最近速食吃得比较多，我得买份蔬菜沙拉吃"等等。

　　换个角度看，这也正好说明你开始能独当一面了。你逐渐从一个被家人庇护着、照顾着的孩子，成长为一个自己的事情自己负责的完全自立的大人。而且我想，将来你应该也会去庇护、照顾别人，会拥有成年人那种深刻而丰富的人生。

❄ 注意身体的不适——不要忽略身体发出的信号

　　每次你的身体出现问题时，有没有什么地方是最先感到不舒服的？也就是从你记事起就总觉得"这里是我的弱点"的地方，会出现一些也说不上是生病的不适感。比如，感到焦虑的时候就会拉肚子，喉咙敏感，容易感冒，身体疲劳的时候会出荨麻疹，每逢换季，鼻子和眼睛就不舒服等等。

　　这些不适感就是身体发出的"我想休息"的信号。现阶段，正是你的生活节奏发生巨大变动的时期，你的身体、头脑和心情都处于持续紧张的状态。请你记住，这一时期的你比以前更容易疲劳，更容易感到焦虑。因此，也请你比以前更加认真地看待身体发出的信号，并及时应对。

　　从前在你身上有没有发生过这样的情况：即使你觉

得身体倦怠，也要等到父母问你是不是不舒服才会察觉？喉咙肿痛时，也想着"很快会好"而不去管它？这样的人在独自生活时很容易就会忽略自己身体的不适。如果你觉得有些累，就拿出体温计来量一量体温吧。如果体温超过了 37.5 摄氏度，就把自己裹得暖暖的去睡觉；如果体温高于 38 摄氏度，还有腹泻和呕吐的症状，就马上去医院。请这样好好照顾自己的身体吧。

一旦感觉身体不适，首先必要的做法当然是吃药或者看医生；但更重要的是，你要重新审视你的生活。

你是不是不知从何时起养成了不健康的饮食习惯，或是陷入了持续性的睡眠不足？在新的环境和人际关系当中，你是不是在不知不觉间积累了许多压力和焦虑，疲劳无法缓解？你新家睡觉的地方，有没有温度或噪音方面的干扰导致你无法获得深度的睡眠？

如果不去纠正自己的生活，继续将就着过下去，独居本身就会成为压在你身上的重担。还是请你趁早把生活中会造成不适感的因素去除掉吧。

❄ 性命攸关的症状——不要迟疑，叫救护车

如果你身边有人在，那么不管是生病、受伤，还是遇到症状严重的紧急状况都能有人帮忙；但在独自一人的生活中，你就只能靠自己了。希望你心里绷紧这根弦，务必在自己的状况恶化到无法自如行动之前就重视起来。在自己还能行走的时候，不要怕浪费钱，赶紧打车去医院吧。紧急情况随时可能出现，而生命是不能用金钱去衡量的。

尤其需要注意的是过敏反应。如今，由于突发的全身性过敏反应而使人陷入休克状态的"过敏性休克症状"已经广为人知了，请你也警惕这种情况。

你对什么东西过敏吗？一个有过敏反应的人，应该知道自己必须提防哪些东西；不过，在生活发生变化的时期，以往吃了没什么反应的食物也有可能会突然引发过敏反应。比如，身处与先前不同的环境中，有可能因为疏于清洁打扫而导致由灰尘或霉菌引发的过敏反应。

过敏反应的症状多种多样，例如荨麻疹、哮喘，有时甚至会危及生命。一旦你感觉呼吸困难或眩晕，就应该毫不犹豫地拨打急救电话。过敏反应发生时，症状的发展是非常迅速的，所以请你事先打开玄关的门锁，以防自己失去意识无法开门；而且你最好待在家门口附近，以便急救人员到达后及时对你施救。把自己的社会保险证明和身份证明放在钱包等处随身携带，也能让人更加安心。

还有发高烧的情况。无论出于什么原因，如果高烧状态持续了好几天，人就很难自己照顾自己了；高烧不退还有可能会出现脱水等危急状况。因此，如果你的病情连续几天都没有改善，请你要么联系父母请他们来帮忙，要么自己叫出租车尽早去医院就诊。如果你咳嗽剧烈、肺部疼痛、动弹不得，那就很有可能是感染了肺炎，必须尽早接受诊治。

另外，请你也不要小看了腹痛、恶心这类症状。如果遇到肚子疼到把身体蜷成一团的情况，或是浑身冒冷汗、全身不停发抖，请千万不要轻视它，应该马上去医院。食物中毒、盲肠炎、肠梗阻、肠道扭转……许多疾病都有可能突然发生在健康的人身上，并且一旦发生就性命攸关。在病情恶化之前，请务必去就医。

紧急情况下……

严重的受伤、烧伤，以及过敏导致的呼吸困难和头晕等症状……

☎120

还有外伤。即使只是被刀具切伤了手指，如果一直血流不止，那就有可能是伤到了动脉。另外，如果在受伤后半天到一天的时间里皮肤越来越痛并逐渐肿起，那就有可能是皮下受感染了，正在不断恶化。一旦症状不断变重，请务必不要轻视，无论如何都要去医院请医生看一看。没什么事就可以早点放心，如果需要治疗则是越早越好，因为越早期症状越轻微，人也能越快痊愈。

❄ 常备药品——统一放在容易找到的地方

请你稍微回想一下，在你父母家里，药箱都装着什么？你现在的家里有没有类似的药箱呢？

当然，由于药品并不便宜，你恐怕没有办法很快就备齐一个跟父母家完全一样的药箱；那么，请至少先准备好轻微感冒时服用的感冒药，头痛发热时使用的解热镇痛药，胃痛腹痛时服用的肠胃药等基本药品吧。

另外，在你还没完全适应新生活时，很可能发生被门夹伤手指、被菜刀切到手之类的小事故。小伤口如果放置不理，也有可能会感染发炎，进一步恶化，所以请你也准备一些受伤时能马上用来处理伤口的消毒药水、跌打损伤药和创可贴。

接下来更重要的事情是把常备药品归拢到一起，放在容易找到的地方，让你能在需要时马上拿到手。不需要多么豪华的药箱，篮子、纸箱都好，只要把常备药品全部收进去就可以了。如果要用的时候不能立马找到药品，而不得不重新购买，那就太浪费啦。

金钱管理

你有信心把自己的生活费管理得井井有条吗？大多数人由于有父母提供经济支持，或许没怎么有过金钱方面的危机感。可能你以前也为了买想要的东西打过零工，又或者为了跟朋友去玩而向父母预支过零用钱，类似这些，大概就是你跟金钱有关的全部经验了吧。

今后，如果你已经就职则每月会得到工资，如果你还是学生则每月会收到父母打来的生活费（可能还有一些打工收入），你要靠这些钱来安排好自己生活的方方面面。

维持生活靠的是金钱，这是不言而喻的事实；如果毫无计划地花钱，你的生活很快就会难以为继。不要浪费金钱、控制冲动消费——保持这样的金钱意识，是独立的基本要求。

日常的水电费、通信费等生存所必需的一切都要用到钱，请你清醒地认识到这一点。你使用了多少资源和服务，就必须支付多少钱。

✳ 管理你的支出——先付清账单，日子才能过下去

独自生活之后，你开始切实感受到所有事都是要花钱的，对不对？尤其是饮食方面，如果你一直在外面吃饭，很快就会把钱花光。还有，脱离了父母的干涉，消费变得自由的你，如果把钱一股脑地花在爱好上，或是买了很多喜欢的衣服，那你的生活费转眼就会不够用。

刚开始的时候，与其努力存钱，不如先尝试着好好管理自己的支出。先把"不得不支付的钱"付清，你就能生存下去。

这些不得不支付的账单通常都在月末时一起到来。比如房租、水电燃气等生活费用，手机网络等通信费用。

哪一项需要支付多少钱，你现在能答得上来吗？可能你住的房子是由父母缔结租约的，所以自己并不清楚房租是多少钱。但是，这些钱是很有必要认真管理的，所以你不妨去确认一下金额。

如果你擅长管理金钱，我推荐你尝试用账簿记账。不过在忙碌的日常生活中，把所有具体的金钱出入全部记录下来恐怕不太容易做到。因此，仅针对独自生活的最初一个月，我推荐的方法是把收据全部留存下来加以统计。另外，如今智能手机里也有记账用的应用程序，用它们来记账也很方便。

饮食和日常消耗品（纸巾、各种清洁剂、肥皂、洗发水等）需要花费多少钱？水电燃气要花多少钱？交通费、与朋友交际又要花费多少钱？一个月的时间，应该就能让你看清自己过着怎样的生活了。了解这一个月的金钱出入，应该就不会出现钱突然不够用而为生活发愁的情况了。

❄ 在缺东少西的前提下生活——明白什么是必需品的人更聪明

独自生活开始三个星期左右的时候，你可能会冒出想要某些东西的念头——"要是有一个父母家那种电热水壶就好了"或是"我想要一个书架"。然而，你从前生活的父母的家，是你的父母花了许多年时间打造的，所以舒适而便利。与之相比，你现在的家似乎缺东少西、处处不便，那也是无可奈何的事。

你在新家的生活才刚刚开始呢。等你了解清楚自己的生活规律，在这个家里的生活方式也基本稳定之后，如果仍然认为你需要一个电热水壶，或是发觉家里空间狭小放不下书架，那时再根据你真正的需求去添置物品吧。

你需要提防的是"一想到什么就马上买回来"的做法。如果你想要什么就立刻把它买回家，那么你本来就不宽敞的家里很快就会挤满各种杂物。一方面你为此花掉的钱很可惜，另一方面，它们会占据很多空间，给你的生活制造不便。

　　缺东少西的时候，就请你在缺东少西的前提下设法生活吧。过了两三个月，如果你仍然感觉缺了某些东西不方便，到那时再下手购买也不晚。

❈ 饮食花费不可削减——不能用健康去换取快乐

　　当你用并不宽裕的生活费维持生活时，最容易做出调整的往往是饮食方面的开销。如果购买食材自己做饭并善加利用，每月只需不到一万五千日元[1]就能维持生活。如果有每天一千日元[2]，也就是每月三万日元[3]预算的话，你偶尔还能去快餐店或点外卖，你的饮食生活会更加轻松如意。但是，如果你每个星期都外出就餐两三

---

[1]约为人民币 750 元。

[2]约为人民币 50 元。

[3]约为人民币 1500 元。

次的话，每月大概就需要花费五万日元[1]了。当然了，虽然是一个人生活，但如果你想追求餐饮方面的质量和乐趣，那么花费更多也不奇怪。

饮食花费既是为了生存所必需的花费，又很容易在相当范围内做出调整，这是一项弹性很大的开销。正因如此，我们才更加不能养成削减饮食花费去贴补其他开销的坏习惯。

如果为了买想要的东西或是为了在兴趣爱好上花钱而削减饮食花费，那就相当于用健康去换取快乐。轻易削减饮食开销，用便利店的饭团或零食代替正餐，这份"轻易"的代价就是身体出现各种状况。而且，将来为了恢复健康而花费的医疗费可能会更加高昂。

---

[1]约为人民币 2500 元。

❋ 向人求助的智慧——认清谁是你可以放心求助的对象

就像人们常说，"人生在世难免会遇到困难""武士当于危难中互助"，你的人生经验逐渐变得丰富之后，你也会具备与人互帮互助的智慧。不过你现在还年轻，寻求他人帮助应该会让你觉得很不好意思吧。

但是"在遇到困难的时候，可以依靠别人"——作为你的人生前辈，我希望你在心中牢记这句话。只是到了那种危急关头，谁是你能放心求助的对象？向谁求助会后患无穷？认清这些是你必须具备的智慧。

钱不够用的时候，可以放心求助的对象只有你的父母。真正遇到困难的时候，我希望你能先去跟父母商量。如果这笔钱让你无法向父母开口，那么请别忘记，你从别的地方借来这笔钱只会带来更多风险。

绝对不可以向父母之外的人借钱。绝对不要申请信用卡贷款、信用卡提现、消费贷款等。向朋友借钱这种事，提也不要提，金钱借贷会成为你与他人之间信任关系破裂的原因。

　　与此相对的是，你可以在饮食方面向人求助。当你没钱吃饭、不得不忍饥挨饿的时候，可以向朋友或是前辈求助。尤其是你的同龄人的母亲，她们会把别人家的孩子也当作自己家的孩子一样心疼。如果你对还和父母住在一起的朋友说："可以让我去你家吃顿饭吗？"你朋友的母亲应该会热情招待你的。当然，频繁这样做会给别人带来麻烦，但真正困窘的时候偶尔为之是没问题的。

　　我在前言中也提到过，独自生存所必须具备的其中一种能力，就是接受他人的援助。"我要自己想办法解决"——秉持这样的意志去努力是非常了不起的，但是"无论什么事我都要自己解决"的想法则是一种无知。如果一味单独行动造成事态进一步恶化，反而会给周围的人带来更大麻烦。

　　独自生活的时期就是去了解人生的时期，人生当然也包含失败这件事。一筹莫展的时候，请鼓起勇气向他人求助。

❄ 钱包里时刻准备一些钱——关于现代版"贴身保命钱"的建议

你是如何管理金钱的呢？一个人使用钱包的方式与其管理金钱的方式息息相关。已经成家的人往往会把自己用的钱包和家庭用的钱包分别管理，但是对独自生活的你来说，一个钱包和两个钱包，哪种方式更好呢？

我的建议是，把房租、水电燃气费等用来支付月末账单的钱单独保管，再把饮食开销、交通费等日常生活用钱以一个星期为单位从银行取出来，放在钱包里。

比如说，每个星期取出一些现金，用这笔钱生活。如果取出一个星期的生活费之后没几天就用完了，那就改为每个星期取款两次，比如星期一和星期五，每次少取一些钱放进钱包。

你有没有听过一个词叫作"贴身保命钱"？它指的是从前的人出门远行时，以防万一而事先缝在衣服里的钱。也就是为了应对意外而准备一些不动的钱，关键时刻或许可以救命。

独自生活跟从前住在父母家时不同，你没有办法随时对父母、兄弟说"稍微借我点钱"。所以，我建议你除钱包之外，在家里不同的地方放一些"贴身保命钱"——也就是以防万一的现金。金额不必太大，票夹里放一点，购物袋的夹层里放一点，放钥匙的抽屉里放一点，等等。平时不要动用它们，真的遇到困难时翻出来就够你拿去吃一顿饭。这样一来，遇到紧急情况时就能轻松多了。

❄ 养成购物时检查金额的习惯——这是社会人的常识

在我们的生活中，常常会发生一些与金钱有关的小麻烦。比如，当你选购完文具去结账的时候，一边犹疑着"有这么贵吗"，一边还是付了钱，结果回家看收据才发现是数字打错了；在便利店里漫不经心地收下找零的钱，后来检查钱包时才发觉少了钱；不看价格标签就把水果放进购物篮，结账时才发现它的价格够你吃一顿饭了，但不买又觉得丢脸，只好硬着头皮买下来；买了一袋洋葱回家，要用的时候发现其中一颗是坏掉的……

一旦察觉到不对，我们就应当通过语言和行动向对方表达出来，这也是身为社会人很重要的一项能力。向对方出示打错金额的收据并要求退款，拿着坏掉的洋葱及时前去要求更换，请你像这样不怕麻烦地采取行动吧。

不放过一点点小钱，这绝不是什么丢脸的事。过去有一句话叫"越有钱越吝啬"，也就是说，认真对待每一分钱的人，才能成为真正的有钱人。在高级酒店里，常常能看到结账处有穿着考究的绅士在逐项确认收据上的收费项目。请把这作为社会人的一个基本习惯去慢慢养成吧。

关于安全

在你的新家里，你有没有因为夜里的风声和隔壁房间的响动而觉得不安、难以入睡呢？这种不安，可能在你与父母同住时从来没有体验过，因为在你和家人一起生活的家中，你知道自己是安全的。

到了晚上父母会反锁防盗门，确认火源都关好，玄关也由最后归家的人落锁；像这些从前不曾留意的生活习惯让家成了一个安全、安心的场所。换句话说，一个家光是有人住在里面是不会自动成为一个安全、安心的场所的。那么，要让你一个人的家成为一个安全、安心的场所，需要做些什么呢？

最基本的只有极少几件事，可这极少的几件事，一旦被你稀里糊涂地忘记或是漫不经心地对待，就可能会引起麻烦，请你务必要牢记。这不光是为了让你不要成为被害方，也是为了让你不要成为加害方，用一生去弥补错失。

✳ 避免火灾——不要离开火源

独自生活最需要格外留意的就是火灾。火灾不光会给自己带来危险，还会危害到周围邻居的性命。水壶、锅等炊具放在煤气灶上加热时不要走开，外出前一定要确认煤气灶的火有没有关好、风扇式取暖器的电源有没有拔，请你务必养成这些习惯。

还有，火灾并不全是直接由火引起的。熨烫机、吹风机、电热卷发棒等电器一旦忘了关闭电源，就有可能因为长时间温度过高而引发火灾。另外，社会上也有过由沾满灰尘的插座、劣质的智能手机电池引发火灾的案例。

首先，请一定要养成在外出和睡觉之前认真检查的习惯。然后，你最好在住进去之后及时确认公寓大楼灭火器的位置，以防万一。想要更放心一些的话，你也可以在家里准备一个小型灭火器。

如果着火了……

喷射式灭火器可以在家装建材中心买到，最好常备

提前确认公寓大楼灭火器的位置！！

如果不粘锅起火了

里面有油

千万不要向它泼水！！

❄ 注意漏水——在生活中小心用水

还有一种在生活中常常发生的事故就是漏水。往浴缸里一直放水忘了关阀门，马桶堵塞导致水溢出，洗衣机的排水管脱落了却没有察觉……还有，台风快来的时候没关窗户就外出了，导致大雨灌进房间，并引发楼下房间的漏雨事故。

漏水不光会损坏自己的家，还会影响到楼下的房间。

不过漏水这种事，就算别人对你说要注意，你可能也不知道该怎么注意；你只要记住漏水在生活中时常发生，然后尽量留意吧。

如果漏水事故原因在你，而且给楼下的人造成了损失的话，你还有可能被要求支付损害赔偿金（修理费用）以及精神赔偿金。

❄ 随手锁门——警惕小偷乘虚而入

听说大多数人家被小偷盯上，都是由于家门没有上锁或窗玻璃有破损。外出时应该都不会忘记锁门，但恐怕有不少人觉得自己家不在一楼，不用担心，所以不关窗户就外出了。据说，小偷会从楼顶爬下来，顺着窗户侵入住宅。外出时，请务必把所有的窗户都关好。

洗手间、厨房、浴室的小窗户也一样，即便外面安装了防盗栅栏，外出时也请把它们好好关上。小偷往往就是从这些意想不到的地方进来的。

我还想要提醒你一点：有时你只外出几分钟，比如出门丢垃圾或是去便利店，这种时候也一样可能会被盗窃。最近小偷常常装扮成上班族的样子，所以你即便在家附近看到他们也不会疑心。他们可能就装扮成要去上班的样子，站在公寓的走廊里伺机而动。所以，请你务必要养成随时随地把门窗关好的习惯。

人在家中的时候也不要忘记锁门，睡觉时忘了关好窗户也有可能带来危险。

❄ 不要与人起争端——自己的人身安全要靠自己守护

如果你是女性，那就更要注意防范危险。请你牢记，由于忘记锁门而被人加害的案例非常多。还有那些一眼就能看出是女性的衣物，不要晾晒在阳台等会被外人看到的地方，以免独居被盯上。如果你在回家路上感觉自己被人跟踪了，不要马上回家，而是要迅速走到人多的路上或便利店里去躲避。如果邻居中有你认识的家庭或老夫妇，遇到危险的情况可以向他们求助，所以你不妨平时多多注意邻里之间的交往。

还有可能由于生活噪音而与邻居发生争执。独自生活时，你可能还是像住在独门独户的父母家时那样，在家中走动时毫不在意自己的脚步轻重，开关门时由于用力过猛而发出巨大的声响，又或是在深夜或清晨时淋浴发出水声……根据建筑物本身的构造不同，声音的传播方式也会不同。你可能觉得"这种程度的声音没问题"，但你无法了解邻居的感受。据说，在一栋多户的住宅楼里，邻里之间发生的争执绝大多数与噪音有关。白天时周围有各种声音，人们不会太在意；但是从晚上九点之后到第二天早上八点这段时间需要你特别小心。

❋ 为地震等灾害做好准备——能为你保命的是你自己和近在身边的人们

处于地震带的地区不知道何时何地会发生地震。正如先前"确保睡觉的空间"一篇中所说的，睡觉的场所应该设置在地震来临时也能保护头部的地方。另外，你还要想办法让家中的电视机、书架、微波炉等大型物品不会倒下。你住的房间是租来的，所以不妨选择支撑杆等不会伤到墙壁的防灾工具。

为了应对突发灾害，你最好准备一个紧急逃生袋。即便不可能马上就把这些东西准备齐全，也至少要准备一些瓶装水、够吃三顿的方便食品、手电筒、能够遮风挡雨的衣服，并把它们收进同一个袋子里备好。这是能帮助你存活下去的最低限度的装备。

说到为万一的情况做准备，如果你租房子的中介或是物业公司的办公室就在你家附近的话，你不妨去跟他们认识一下。搬家之后不要隔太久，去和他们当面打个招呼——"多亏了贵公司，我现在才能住得这么舒适。真的非常感谢。"如果你手头有些宽裕，那就买些点心带去，哪怕只是一些很便宜的礼物，也会给人留下为人得体的好印象。跟对方结识之后，如果你遇到邻里间的争执或是租来的房间发生了什么故障，也更容易开口找他们商量。如果能维持着这样的情谊，对方可能会在意想不到的时候帮助到你。

❄ 一旦发生什么意外——通过第三方交涉处理

即便你谨慎小心，也有可能会引发事故或者遭遇灾害。为此，我们常常在签订租房合同的同时加入损害保险。火灾一般都是被列为保险理赔项目的，一旦真的发生火灾，你就应该与保险工作人员取得联络。不论你是否已经成年，都不要想着全靠自己一个人处理，也请务必联系你的父母吧。

如果遇到了楼上漏水、被人盗窃等意外，最重要的是保护好事故现场，然后马上联系物业管理公司或警察等专业人士。

最近的交通事故不光会由汽车引发，也有越来越多的骑自行车的人成为肇事者。许多人虽然购买了汽车事故的保险，但并没有买自行车事故的保险。如果你是骑自行车上班上学的，我建议你也购买一份交通相关的保险，一年只需要一点小钱，应该不会带来太大负担。

你有可能会成为受害者，也有可能会成为肇事者。请你千万不要隐瞒已经发生的事故，或是企图与当事人私了。只有请第三方到场，认真交涉处理已经发生的事件，问题才能得到顺利解决。

紧急逃生袋

请早早准备好，并放置在玄关附近、卧室、车内或储藏室里

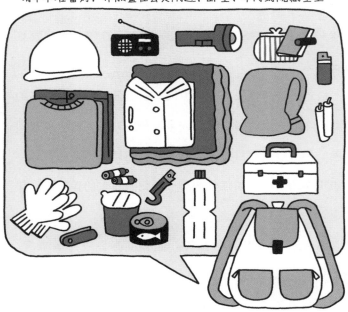

★ ☐ 手电筒 ★ ☐ 罐头
☐ 便携收音机 ☐ 方便面
☐ 安全头盔 ☐ 开罐器
☐ 防灾头巾 ☐ 小刀
☐ 劳动手套 ★ ☐ 衣物
☐ 毛毯 ☐ 现金
☐ 电池 ☐ 急救箱
☐ 打火机 ☐ 存折
☐ 蜡烛 ☐ 印章
★ ☐ 水

选择能够遮风挡雨的衣服哦!

带有★的物品尤其重要。

第二章

此后三个月

大致习惯独居之后应该着手去做的事

最开始的三个星期，你只要模仿着在父母家的生活把日子过下去就可以了；而接下来的三个月，你要逐渐将自己的生活整理成形。

在一个人的生活中，你体验到的应该都是新鲜事。有时是迫不得已，有时是心血来潮，你每天做的事情可能都不一样，这样的日子一再重复，自然而然就会形成你自己特有的生活模式。请你把此后三个月看作这样一个时期，一边感受着自己的生活模式逐渐成形，一边寻找着适合自己的、让生活运转良好的做法。

首先是每天的生活，早上起床的时间、晨间做哪些事，出门的时间、吃饭的时间、购物的时间、睡前做哪些事。一个星期里，星期一要做的事，每个星期必须要做一次的事，休息日要做的事。如果你已经形成了每天、每个星期基本相同的生活模式，那么请你思考一下，是要延续现有的模式呢，还是稍微做些改变？

另外，你可能还发现了自己从前住在父母家时没有的嗜好，比如"我好像还挺喜欢做饭的""熨衣服能让我平静下来""一到晚上我就想去便利店"等等。请你把这些也纳入其中一并考虑，再来确定自己的生活模式吧。

过了三个星期，你应该也大致了解自己现在居住的街区了吧。这里跟你父母家所在的街区有所不同，你会发现你的某些行为模式不得不相应地改变。附近有没有超市、便利店？有没有美味的面包店和新鲜的蔬果摊？有没有设有急诊部的医院？有没有新开不久还比较干净的洗衣房？……接下来的三个月，为了适应现在所住街区的特点去寻找适合自己的生活方式，请你稍微积极点行动起来吧。

随着你的生活模式逐渐成形，你可以采取一些有远见的行动。在这一章中，我将会列举各种各样需要查验的方面，请你一一对照，考虑自己今后的生活方式吧。

对了，如果你搬来之后一直太忙，还没来得及去跟邻居打招呼，也还没有把搬家的行李收拾妥当……这些被一再推迟的事，也是时候该把它们完成啦。

关于家务

做饭、洗衣服、打扫房间等家务事，我想你应该已经慢慢开始习惯，日常中不必一一考虑也能按照例行程序让生活正常运转了吧。不过，现在请你再重新评估一下自己的家务模式吧。

一旦习惯了之后，人就会开始挑战自己偷懒的底线。你刚开始独居时，是不是拼命努力地打扫、收拾房间，最近却开始觉得不用做到那种程度了？如果你已经开始在家务事上偷懒了，就请客观地审视一下自己偷懒带来的结果吧。

仔细看看镜子里的自己是不是无精打采，就能大概了解你的生活过得怎么样。从别人的角度来看，你的衣冠不整、房间脏乱都会暴露你偷懒的毛病。

在镜子里观察自己的模样，站在家里环视自己的房间，如果你心里觉得"这样可不行"，那就请你找回刚刚开始独自生活时的心气，重新回到能让父母放心的生活状态吧。

从一开始就过上自己理想的生活，那是非常困难的。任何人都会在"这样可不行"和"重新来过"之间不断重复，逐渐变成像你母亲那样的生活能手，不再"偷懒"，而是学会如何"省事"。

❄ 饮食的模式——自问五个问题

①你有没有每天吃早饭？

三个星期过去了，现在的你有没有每天好好吃早饭呢？早上老是睡过头，所以不吃早饭；晚上很晚还在喝酒、吃零食，所以早上没有食欲；到了早上才发觉家里没有米饭和面包，所以没有早饭可吃……你的生活有没有变成这样呢？

在独居生活中，最容易偷懒省略掉的一顿饭就是早饭。如果你仅仅指望着学校或公司食堂的午餐来提供自己一天所需的营养，那么你的健康很快就会出问题的。

如果你现在没有好好吃早饭，那么首先请你把生活调整为包含早饭的模式吧。早上早起五分钟，只喝一碗粉末冲泡的热汤也好；晚上十点之后就不再进食。前一天采购的时候，买好早饭要吃的面包；或者是晚上把米饭剩下一些，当作第二天的早饭。

②在外就餐是否过于频繁？

你多久在外面吃一次饭呢？根据你的职业或就读的专业，忙碌的程度可能完全不同。有的人在大学里一旦开始做实验就很久不能回家，诸如此类的情况还有许多。不过一般而言，如果你一日三餐一顿都不在家里吃，一个星期所有的晚饭都是在外面解决的，那在外就餐的频率就有些高了。

你肯定已经感觉到了，在外面正经吃饭的话要花费很多钱。如果是工资优厚的社会人也就罢了，如果你还是学生，频繁在外就餐的费用应该是相当沉重的负担。如果你贪图便宜省事，经常选择拉面、快餐面、盖浇饭的话，又会使摄入的营养不均衡。

尽管有各种情况，但希望你还是在自己的饮食上提高意识，认真管理，这是成年人应该做到的事。请你不要把忙当作借口，从而在饮食这件事上省事，还是尽量每个星期在家吃两顿饭，周末的晚上认真在家做晚饭，好吗？

③食材的采购是否顺利？

你的采购效率如何呢？对一个人的生活来说，每天都去买东西恐怕比较困难，所以，等你了解自己的食量之后，不如花些心思集中采购吧。

周末的休息日到超市去集中购买非生鲜品，周中某一天可以早点回家，所以把这天定为"采购日"——像这样定下星期几去采购就会很方便执行。而且，过了一段时间，你应该渐渐清楚了自己的需求，也掌握了附近的超市哪天打折之类的信息。请你制定一个适合自己生活的采购模式。

④你有没有好好管理冰箱？

在"最初三个星期"一篇中，我建议你在冰箱中准备些拌饭菜和紧急情况下能派上用场的常备食材，你有没有对这些耐储存的东西善加利用呢？买来食材后却因为太忙没空做饭，把鸡蛋、蔬菜什么的放坏了；常常在夜间才发现牛奶不够，就不愿再出门购买；想用蛋黄酱的时候发现已经用完了……你家有没有发生过类似这样的事呢？

此后的三个月，请你从哪些东西买得太多、哪些东西应更频繁地采购这个角度，好好检查一番自己家的冰箱吧。

⑤你有没有用"替代食品"应付正餐？

你有没有过着这样的生活呢：早饭时吃巧克力饼干

或是很甜的点心面包，晚饭用咸味零食和营养补充剂来代替正餐，睡前吃冰激凌或是喝冰啤酒，维生素的摄入来源是果汁和维生素片……如果你过着这样的生活，只要半年时间，你要么会变得肥胖，要么会营养不良。而你不光外表会发生变化，还会出现体温偏低、血液循环不畅等健康方面的问题。

　　皮肤变得粗糙、手脚常常冰凉的人要注意了。糖分和油脂，都是会让人习惯并上瘾的东西。就像"巧克力成瘾"那样，有的人一天不吃巧克力就会心里发慌、难以平静。一旦习惯了糖分和油脂，你的身体就会发生变化，请你为自己将来的身体好好打算吧。人在年轻时即便不注意养生也不会有太多健康问题，然而，随着年龄增长，不注意养生的后果就会在身体上表现出来。到了四五十岁的壮年时期，再想要让已经无法站稳的身体重新站直将是一件非常困难的事。

❋ 打扫房间的模式——自问五个问题

①你有没有每个星期打扫一次卫生？

　　三个星期过去了，你的家现在是什么样子？刚搬来时还算干净整洁的房间是不是已经变得乱糟糟了，地面还积着薄薄的灰尘？那是因为你还没有把打扫房间这件事好好纳入自己的生活习惯当中。

　　前面我建议过你，每个星期彻底打扫一次，其他时间也尽量多做一些"小扫除"。接下来，你只要把这些打扫工作变成自己不用多思考就能在不知不觉间完成的日常任务就行了。做饭时有油溅到灶台上，就马上拿布擦掉——如果你能在不自觉间做到这些事，那就差不多了。要是你能在星期日早上吃早饭之前自然而然地拿着吸尘器打扫一遍，那就已经完美了。

　　在第 96 页和第 97 页，我把扫除的方法重新归纳总结了一下，你也可以把它当作一次复习。

②每次用完厨房，有没有马上整理干净？

你的厨房足够干净吗？即使给客人看也不会觉得不好意思吗？其实厨房并不需要擦洗到一尘不染，但是出现以下这些情况可就不好了：水槽里常常堆放着用过的餐具；厨余垃圾桶装满了垃圾，还在散发臭味；煤气灶上放着用完还没洗的、油汪汪的锅……

如果你的厨房里现在是这样的情况，请你好好思考一下，是你的哪些习惯导致了这样的后果呢？

餐具送到厨房之后立刻清洗是最轻松的，但你总是想着过会儿再洗，就把它们堆在了水槽里。结果，慢慢就形成了下次吃饭时才把上次吃饭用过的餐具洗干净的坏习惯，水槽里总是放着没洗的餐具。厨余垃圾总是要溢出来了才拿去扔，其他日子它们就一直存在垃圾桶里。你的坏习惯正在不知不觉间变得越来越多。

如果继续这样下去，这些就会变成你想改也改不掉的习惯了。请你趁现在好好想想自己应该怎么做、能做些什么吧。

③你有没有定期打扫浴室和洗手间？

前文中我提到过，每个星期起码要检查一次浴室的卫生情况。那么，现在你的浴室怎么样了？如果你的浴缸里挂着一圈水垢，墙面上出现了黑色或粉色的霉斑，那就是你长期偷懒不打扫的证据了。如果你无法做到每个星期打扫一次，那也至少应该把每两个星期用刷子好好清洁浴室这项工作纳入你的日常。

如果你已经习惯了浴室里的这种情况，那么去购买一些让你心仪的清洁工具也不失为一种促使你改变的强心剂。如果浴室不容易清洁，就买一把好用的清洁刷；如果你喜欢清爽的气味，那就选择含有薄荷成分的马桶清洁剂。像这样选择一些让自己更加轻松愉快的工具，也是让你愿意打扫的一个窍门。如果浴室、洗手间太脏，你的生活整体上就很难有清洁感了。

④你有没有好好擦拭餐桌？

用来吃饭、吃零食的餐桌，你有没有好好擦干净呢？

要是你还在餐桌上使用电脑和书写文件，那就更应该让它保持清洁了。

请你千万不要变成一个那样的人——在一张残留着杯子底部留下的圆形污痕、摸上去黏糊糊，又或是散落着不明粉末的餐桌上，毫不在意地吃饭或是工作。就算不使用餐桌，餐桌上也会累积灰尘慢慢变脏的。

在你的父母家，餐桌总是在被认真擦干净之后，才会摆上饭碗和盛放着菜肴的盘子。请你也照着父母那样，准备一块用来擦拭餐桌的专用抹布吧。用旧的小毛巾也可以，买的那种也可以，只要是餐桌专用的抹布就好。

⑤你有没有常常通风换气？

你在进入房间的时候，有没有产生过"空气好闷"的感觉？总是密不透风的房间，不论怎么打扫，里面的空气都与室外不同。因此，请你每天给家里通风一次，一次十分钟；每个星期再进行一次一小时以上的通风吧。尤其是天气晴好、空气干燥的日子，正适合给家里通风换气。在这样的日子里，你可以把家里的壁橱、衣柜门都打开，让储物空间里面也流通新鲜空气。只要这样做，就可以去除家中难闻气味的根源，还能防止发霉。

玄关的门缝

用湿布擦拭，沙土就不会进到房间里。

厕所

用马桶刷刷洗。

地板、墙壁、马桶外壁，每个星期用专用的抹布擦拭一次。

浴室

浴缸会挂上水垢，应该定期用专用清洁剂刷洗。

使用浴缸专用的清洁刷或清洁海绵时，小心不要在浴缸上留下划痕！

偶尔也要清理排水口

地板、瓷砖用专用清洁刷刷洗。如果是整体浴室，地板也会容易留下划痕，应该使用清洁海绵或抹布去擦，避免留下划痕。

❋ 整理的模式——四个要点

①你经常坐的位置周围有没有随意放置的物品？

前面已经讲了不少关于打扫的内容，这里我们来稍微聊一聊"整理"吧。说到"整理"这个词，你首先会想到什么呢？认真整理过的房间、桌子上干干净净——你想到的是这些吗？不过现在你一个人住，心里真实的想法会不会是"反正也不会让外人看见，所以无所谓"呢？

整理这件事最基本的一点，就是"物归原处"。所以，你首先要大致定好各种物品摆放的位置，每次使用之后就马上把物品放回原来的地方，这样房间就不会变得凌乱。不过，东西总是越来越多的，如果没有地方放，人很容易就会慢慢不再整理房间。

打扫是一个星期做一次就可以了，而整理则是每次使用了或添置了什么东西之后都要做的。新添置的物品要尽可能定好摆放位置，并且养成使用后马上放回原处的习惯。这样一来，你就不再需要集中整理房间了。

　　一个人住时，自己经常坐的位置周围很容易散乱地放着各种没有放回原处的物品。确实，这种有家人一起住时不允许做的事正是独居生活的妙处所在，可你一旦习惯了这样，整个人就会渐渐变得邋遢散漫。如果你想在座位附近放一些常用物品的话，可以想想办法，比如把它们全部收进一个盒子，再把这个盒子放在有滑轮的架子上。如果把东西直接放在地板上，当它们越来越多地占据了地板的空间，会让打扫房间变得更麻烦，让人提不起干劲。

②关于睡前整理的建议

　　定好了物品的摆放位置，用完的物品也立刻归于原处，可是房间还是不够整洁，那可能是因为"虽然我知道现在做比较好，但还是等会儿吧"这样的想法常常出现。如果你真的打算摆脱不够整洁的生活环境，那么我建议你养成定时整理的习惯。

"早上出门前整理房间"，这样的习惯尽管非常理想，但因为早上很忙，所以"睡前整理"应该更容易做到。只要养成了这样的小习惯，你就永远都不会再为整理房间而烦恼了。你是不是觉得这太理想化了？

刚开始的时候，先在睡前做一些很小的事吧，比如把餐桌上用过的马克杯放到厨房的水槽里去，把脱掉要洗的衣服放进洗衣篮里，等等。这样一来，你的家应该就离"脏乱差"稍微远一点了。

③重新审视物品的摆放位置

过了三个星期之后，请你好好打量一下自己的家。比起你刚刚搬来的时候，家里应该增加了许多物品吧，其中有些物品的摆放位置可能还没定好，所以被你随意地放在地上。零食、包包、鞋子、清洁剂……这些东西如果随处乱放，不光用的时候不方便找，会浪费很多时间，而且家里也会变得很乱。就像前面已经说过的那样，整理这件事就是"物归原处"，如果物品摆放的位置还没有确定，整理这件事当然就无法进行。

接下来的三个月里，请你继续思考哪一类物品放在什么位置会让你的生活最方便。目前，你的生活必需品应该都已经备齐了，因此，只要现阶段把物品摆放的位置定好，将来按照这个规矩好好整理就可以了。

你没有必要把杂志上那种像样板间一样整洁漂亮的家作为自己的目标，只要你的家让你感觉方便、整齐、干净就可以了。

④不要的物品已经扔掉了吗？

现在，你搬进新家已经过了不少时日了，搬家时带来的纸箱已经全部打开了吗？里面的东西都拿出来收拾好了吗？如果你搬家时的箱子还没打开，哪怕只剩下一个，那也应该迅速把它腾空，然后扔掉。

如果你觉得箱子里装的东西是你不需要的，那就应该干脆地把它处理掉。搬家前觉得有用而收进行李的东西，在你实际开始过日子之后却发现完全没用，这种情况也很常见。独居的你用不到的东西，那就谁都用不到了。你的新家空间有限，所以更要把用不上的东西尽早扔掉。

不光是搬家时用过的纸箱，请你再四下打量一下，自己家里有没有已经成为房间一景的"垃圾"呢？比如买东西时附赠的纸袋、不再阅读的杂志和文件资料、空了的包装盒等等。"生活就是跟垃圾的斗争"，请你牢记这句话，然后检查一下自己有没有养成处理垃圾的习惯，你的家里有没有堆满各种各样的垃圾。

请你经常性地拿着垃圾袋到处打量自己的家，寻找该扔掉的东西。当这样的做法成习惯之后，我想，在这场"跟垃圾的斗争"中，你就算是取得暂时性的胜利了。

❀ 洗衣服的模式——自问五个问题

①你有没有形成适合自己的洗衣模式呢？

日子一天天过去，你在卫生方面能够注意到的事情应该越来越多了吧。家务不光是打扫和整理房间，洗衣服也是其中之一。前面讲到过，独自生活需要洗的衣物比较少，所以容易攒着不洗，堆积的脏衣服会散发臭气，成为家里滋生细菌或发霉的因素。

我在前面提出的建议是，即便不能每天洗衣服，也要每个星期洗两次，两次也做不到的话就积攒到周末拿去洗衣房洗。那么，现在你洗衣服的频率是怎样的呢？

如果你已经形成了自己洗衣服的模式，不会因为没有干净衣服穿而发愁，家里也没有堆积着散发臭气的脏衣服，那就没有问题。不过，你可能会觉得某些方面还不太满意。那么，我接下来想对洗衣服的方法再进行一些更加细致的说明。

②你的白衬衫、白毛巾还是白色的吗？

要判断你洗衣服洗得怎么样，先去看看家里的白衬衫、白毛巾就知道了。如果白衬衫的袖口、领口的顽固污渍没有洗干净，或是衣服整体都被染上了淡淡的颜色，那么很遗憾，你在洗衣服方面还稍微有些问题。

也许问题在于你洗衣服的方法，比如洗衣液的量不合适、洗的时间偏短等等。另外，如果把白色的衣物跟其他颜色的衣服一起洗，可能会导致白色衣物被染上颜色。还有，如果白衣服开始发黄了，可能是因为脏了之后没有马上洗，导致汗渍残留在衣物里。发黄的原因在于汗水和皮脂。所以，如果你喜欢白色的衣服，常常穿白色衣服，那就不要怕麻烦，每次把白色的衣服单独拿出来先手洗吧。

③你的衬衫够穿吗？

如果你是公司职员，每天都需要穿西装去上班，那么你在洗衣服方面的第一个课题可能就是衬衫了。衬衫即便不脏也要每天更换，这是原则。经过了这段时间，你应该已经知道自己有几件衬衫才够穿了吧？

如果你的衬衫是洗净晾干后不需要熨烫的类型，每三天洗净晾干一次，三件衬衫就够用了；如果是需要熨烫的衬衫，因为麻烦所以一个星期才洗一次，那就需要准备五件了。你要清楚知道自己需要几件衬衫，如果现有的不够就再去添置。

而且，为了不让汗渍残留在衬衫上，请尽量不要把穿过的衬衫放置一个星期以上。衬衫一般是使用相对比较结实的布料制作的，所以如果做不到脏了立刻就洗，可以通过在洗之前给领子和袖口涂上专用的洗涤剂，以及在洗涤时加入漂白剂等方法来防止衬衫发黄。在集中洗衣服的时候，尽可能不要把衬衫和其他要洗的东西一起洗。

如果你觉得怎么做都太麻烦，没时间洗衣服，那就只能选择洗衣店了。以整洁的面貌去上班和上学这件事，具有无法用金钱衡量的价值。但如果你觉得去洗衣店太浪费钱，那就必须摸索出适合自己的洗衣模式并好好执行了。

④你晾干的衣服有没有发臭呢？

接下来，我有一个问题是关于洗完的衣物的。请你闻一闻你的衣服、毛巾、手帕等织物，它们有没有散发着充分沐浴过阳光之后那种干燥的气味呢？有没有你喜欢的洗衣液或柔顺剂的香气，能让你心情舒畅呢？如果你觉得内衣闻起来好像微微有点发霉，或者用毛巾擦脸的时候忽然闻到一股难闻的气味，那就说明要么你洗衣服的频率不对，要么你洗衣服的方法不对。

先前我已经说过关于洗衣服频率的问题，所以现在我们再来思考一下你洗衣服的方法有没有问题吧。首先，你使用的洗衣机有没有什么问题呢？如果是新买的洗衣机，在这么短的时间里应该还不至于很脏；如果是旧洗衣机，那就有可能是洗衣机本身不干净。

洗衣机是很脏的，必须用专门的洗衣机清洁剂定期清洗、去除霉菌，而且每次洗完衣服之后都要把盖子打开，让内部风干，否则洗衣机里很快就会布满霉菌。如果洗衣机里都是霉菌，那么洗完的衣服当然也会沾上细菌。

另外，你晾晒衣服的方式是否存在问题呢？在封闭的室内晾衣物，如果没有干透，衣物上就会留下由细菌导致的臭味。如果你只能在室内晾衣服，请尽量选择光照、通风情况较好的位置（但是绝不能挂在窗帘杆上）。

⑤毛巾被等体积较大的织物有没有散发臭味？

你知道吗，像毛巾被、床垫保护罩这类体积较大的织物也是必须清洗的。像这样的大型物品，你自己的洗衣机恐怕容量不够，没法清洗。再说，家里晾晒的空间也很有限，晾干要花费很长时间，真是一件叫人头痛的事。

但只要每逢休息日你就把它们晒一晒，让它们保持干净，那就不用频繁地去清洗了。不过，如果你本身患有哮喘或是容易过敏的话，就要每个月把它们拿到洗衣店去洗了。其他没有这类疾患的人，也请务必在每次换季的时候认真清洗这类织物。如今有一些洗衣房里会提供能把被褥整个投进去清洗的最新式大型洗衣机。如果稍稍预留一些花在洗衣店的费用，定期光顾的话，你的生活应该能一直保持干净整洁的状态。

❋ 物品保养的模式——自问三个问题

①西服之类的衣物有没有变旧?

衣服和其他织物,除清洗之外还需要保养。这里,我要讲一讲日常生活中需要注意保养的东西。首先,即便你还没有开始工作,只是学生,我想你应该也有一套在开学仪式等特殊场合穿的西装吧。你的西装,现在有没有变旧呢?

像西装这一类形状挺阔的衣服,只要没有好好保养就会给人一种陈旧感,所以需要你特别留意。反过来讲,穿了许多年的西装只要一直好好保养,就能让人感觉像新的一样。如果你的工作需要跟人见面,而你穿着没有好好保养的衣服,看上去邋遢散漫,这将会影响对方对你的评价。因此,请你格外注意保养你的衣物。

首先,每天回家后你应该把西装的上衣挂在衣架上,放置在通风良好的地方。如果被雨打湿了,一定要用干净的毛巾擦干水分。裤子或裙子上的折痕,其他人比你自己更容易注意到，所以请你养成习惯，把它们按照裤线和裙线折好之后再挂起来。

如果你总穿西装，那每个星期都要用刷子清洁一次你的西装，去除灰尘和污垢。清洁时如果你发现袖口有污垢或是胸前部位有吃饭时不小心弄脏的痕迹，就用沾湿的布轻柔地擦去。只要每次沾上污渍之后都尽快擦掉，就几乎不会在西服上留下污痕。如果遇到怎么也擦不掉的污渍，就拿到专业洗衣店进行去污处理吧。

②你的皮鞋和皮包有没有变形呢？

皮鞋也是需要保养的物品。一旦你感觉皮鞋脏了或者没有光泽了，就该保养了。尤其是当皮鞋被雨水打湿之后，保养非常重要。先擦拭表面，将报纸塞进鞋中使其阴干，再给表面涂上鞋油。皮质的公文包或手袋也要进行这样的保养。

每天都使用的皮制品，如果不保养就只能使用一季。如果你做不到认真保养皮制品，那就说明你还没有成为一个有资格使用皮制品的成年人，请你今后自觉选择用合成皮革或塑料之类不需要保养的材料制成的物品吧。

③你的餐具有没有变得暗淡无光？

逐渐适应了现在的生活之后，你自己做饭或泡茶的机会应该也逐渐增加了吧？那么，请你稍微观察一下自己平时使用的玻璃杯和饭碗吧。玻璃杯有没有失去透明感、变得暗淡无光？餐具会不会有些油腻黏糊？

如果洗得不认真或是冲得不干净，餐具的表面就会变得暗淡无光。另外，有时即便你洗得很认真，可洗碗海绵上有油污，那餐具也不可能洗干净。如果你的朋友来你家做客，不愿用这种餐具吃饭，那你就太丢脸啦。

首先你要把洗碗海绵洗干净，接着在海绵上挤上洗洁精，打出泡沫，然后再用它擦洗餐具。杯子的内侧、盘子的正面最容易弄脏，请你别忘了多搓洗几次。用完之后的海绵要好好洗净，不要留下油污，最后用力挤干水分之后再在水池外面通风。

关于时间

现在，你的生活是不是已经逐渐有规律了？无论是谁，只要一个人自由地生活，总会拖拖拉拉什么也不想干，相反，独居后更勤奋的例子倒是从来没听说过，真不可思议啊。早上睡到最后一分钟才起床，不吃早饭就飞奔出门；晚上不自觉地玩着手机，结果很晚才入睡……如果你的生活也是这样，那么现在就是你重新调整生活规律的时机了。

人们常常说"自己的时间"这句话，你是不是也觉得，等到结了婚、有了孩子，属于自己的时间就会渐渐没有了？然而，时间的多少其实是由使用它的方法决定的。"自己的时间"是在你为了他人而使用的时间当中通过自律而产生的。

正因为你现在非常自由，才更不应该让时间白白流失，将它浪费。如果你把不得不做的事情往后推延，你的生活就会整日被时间追赶。为了能自如地运用时间，首先你要形成运行流畅的生活规律，并且一直按照这一规律去生活。

❇ 早上的模式——你有没有早早起床？

早上你有没有早早起床，好让自己出门之前的时间可以宽裕些呢？在出门前至少三十分钟，你就应该开始做准备了。人年纪轻轻的时候难免会犯困，不过要是你不论睡到几点都感觉困得难以起床，就请你使用些窍门让自己神清气爽起来吧。如果你睡在清晨阳光会照到的地方，那么到了早上光线变强，你就能自然醒来。沐浴清晨的阳光，据说能让人体调整生物钟，自然而然地早起。相反，如果一直在光线昏暗的房间里过着不分昼夜的生活，人就会失去对时间的感觉，这一点请你注意。

最近，由于闹钟声音太大而引起邻里纠纷的事件时有发生。我想应该有很多人是用手机设置闹钟的吧，那就请小心调整音量，不要影响到他人。

❋ 夜晚的模式——定好睡觉的时间

你有没有定好自己上床睡觉的大致时间呢？休息日前一晚你可能会觉得几点睡觉都无所谓，但工作日的睡觉时间最好还是能大致定下来。就算你不困，只要在事先定好的时间上床盖好被子，你的身体就会自然而然地开始进入睡觉状态。

睡前长时间看着智能手机或电脑屏幕会导致大脑兴奋、睡眠较浅。还有，如果直到睡前都处于明亮的环境中，忘记关灯就睡着了，那身体就无法放松，进入不了深度睡眠。请你找到适合自己的、能好好睡觉的方法，比如提前熄灯、在黑暗中小声播放自己喜欢的音乐等。

度过舒适的夜晚，让头脑和心灵都得到充分休息——这就是让日常生活顺利运转的根本所在。

❄ 节假日的模式——不能总是无所事事

在休息的日子里，你都做了些什么呢？整日无所事事地待着也是独居生活中的一项特权，这并不算什么坏事。不过，如果你老是无事可做，那就麻烦啦。

我建议你把休息的时间用来洗衣服、打扫房间、购买常备食品，不过这些家务事只要花费一个上午就能干完。在我看来，能够有效利用休息时间的人才是能够实现自己梦想的人。你也不妨把空闲的时间用来学习、打工或是发展自己的兴趣爱好吧。

然而，如果你为了消磨时间而闷在家里打游戏，或是借口自己累了而懒散地看看电视、睡睡懒觉，那对你自己的将来是没有任何帮助的。请你先思考一下自己想要的生活，然后有计划地付诸行动。

关于金钱

　　到了这个阶段，你是不是已经开始看清金钱流转的大致方式了呢？以每一天或每个星期为单位，你为了什么事花费了多少钱，一个月总共花费了多少钱呢？此前你或许遇到过这样的情况：觉得自己反正只有这么多钱，就都花掉吧，然后很快把手里的钱全部用完，结果后来遇到了意外。如果你今后持续过着这样的生活，那就麻烦啦。

　　已经摸清自己大致的收支模式的人，就可以制定自己花钱和储蓄的规划了。如果还没有摸清，那就说明你从开始独自生活至今，都在过着没有金钱观念的日子。我想，你最好还是一边过日子一边思考一下金钱方面的事吧。

　　今后，你将会经历一个个人生节点：结婚生子、在工作上遇到挑战、购置房产……到了那时，你的收入和支出方式想必都将发生很大改变；但是，如果你不从现在做起，学习金钱管理，那你将来可能无法适应经济上的变化。不能"有多少花多少"，而是"为什么花钱，应该花多少"。请你趁现在学着这样管理金钱吧。

❄ 取钱的方式——根据花钱的方式决定取钱的金额

在"最初三个星期"一章里，我建议你事先定好自己每星期从银行取钱的次数和金额。眼下你是否已经了解你从自动取款机取钱的模式（每次取出多少钱，够花几天）了？是每次取出一个星期的生活费，还是每次取出很多钱呢？可能你还是学生，能支配的金额更少，每次只能从自动取款机取出两三天的生活费。

如果你已经形成了适合自己的取钱方式，那么短期内你就可以继续沿用你的方式了；可要是你现在还持续着"咦？我每次都是取出一样的金额，那够我花几天来着？"或是"好奇怪啊，前天刚去取过钱，怎么钱包又空了？"之类的状态，那可就太叫人担心啦。

如果你是这样的人，最好尝试记一下账。取钱的日期和金额、大致花在了哪些地方、钱花光的日期，请你姑且在一个月的时间里把这些都尽可能详细地记录下来。如果你每次钱包里有钱的时候都会大手大脚花掉很多，请你尝试只在必要时取出必要的金额。

请你继续摸索适合自己的花钱方式吧，说不定你更喜欢在钱包里只放很少的钱，而把其余现金放在家里安全的地方。最要紧的，是先了解自己的消费习惯。

❄ 每次把钱剩下一点——培养储蓄的能力

当你稍微认识了自己的花钱方式之后，接下来要做的就是试着不把钱全部花光，争取每次取钱之前都还剩下一点钱。

如果你想每个月存下固定数额的钱，储蓄可能就会变成你生活中的压力。所以，刚开始的时候，你不妨先尝试习惯尽量不乱花钱、不把钱花光，过日子的时候心里想着"每个月要剩下些钱"。

在发工资的日子或父母打钱来的日子之前，请你先确认一下自己还剩下多少钱。接下来，等你明确掌握了自己每个月大致剩下的金额之后，你就能知道每个月能存下多少钱了。那么你每月只要把这个数额当成存款，把它跟生活费分开并存入另一个账户，你就可以开始储蓄了。

天有不测风云，人有旦夕祸福，最终能在我们遭遇不测时帮上忙的还是金钱。所以，只要你能为非常时刻备下一笔哪怕金额不大的钱，那么你每天就能更安心一些。

❄ 积水成渊，聚沙成塔——不支付非必要的小额金钱

你有没有过到了要从银行账户中自动扣除水电煤气

费或通信费的时候却因为余额不足而无法扣除，收到再次要求付款的通知之后又忘记支付的情况呢？如果迟迟不付款，你可能还得支付滞纳金。

"积水成渊，聚沙成塔。"正如这句谚语所说，如果你总是支付一些非必要的款项，即便是很小的金额，那也是一种浪费。而且，不能好好管理这些小额金钱的人将来会有破财的倾向，这也是事实。为了避免这种情况发生，请你在平日里留意这些小额金钱的管理吧。

❄ 掌握自己的收入——如果稀里糊涂，很快就会把钱花光

如果你是学生，除了父母打来的生活费，可能还有打工的收入；如果你已经开始工作，则可能会在每月的固定工资之外得到加班费、奖金等收入。但是，由于这些额外收入是你没有预料到的，所以当你确认账户余额时，可能会因为多出了一些钱而兴高采烈，结果不知不觉间就把这些钱大手大脚地花光了。那样一来，你辛苦

工作得来的额外收入就打了水漂。

即便你还没有正式工作，只是打零工，那也都是你自己辛苦赚来的钱，应该仔细查看自己的工资单。如果你这个月做了很多工作、赚了很多钱，那当然可以开开心心地去花钱；不过，当这个月的收入比往常要多的时候，你为了将来而把钱存下来也是很棒的选择。

❋ 是否申请信用卡——在你还不能好好管理金钱时，不要使用信用卡

应该有不少人打算申请信用卡了吧？确实，如今这个时代，用信用卡结算费用很常见，过了二十岁的人大都已经最少持有一张信用卡了。

然而在我看来，信用卡是不再为生活费发愁的人才有资格用的东西。拥有固定的收入和一定金额存款的人，由于不愿意携带大量现金会选择使用信用卡来更方便地结算，而且还会通过用信用卡来累积积分，聪明地使用信用卡。这样的人即便用信用卡去支付，也

不会面临由于银行账户余额不足而无法完成自动还款的窘境。如果你也像这样，把自己用信用卡支付的金额事先备好，到了自动还款日一定能还得上的话，使用信用卡当然是没有问题的。

然而，如果你既没有存款，手头也没有现金，那么就算你有很想买的东西也不要用信用卡去买，而是应该先好好存钱，然后再去买。

不过，如果有些东西是你没有现金也无论如何都需要用信用卡去购买的，比如打工时必须穿的皮鞋或学习要用的书籍，那么请你务必不要选择分期还款。如果你觉得不分期还款的话就会还不上，那就请你放弃购买。

我希望你能提防"分期付款"这种信用卡业务。把每个月需要支付的金额固定下来，的确会让还款轻松许多；然而，这实际上只是延长了你的借款期限而已。很快你就会忘记自己到底欠了多少钱，最终越欠越多，不得不支付由于长期借款而产生的高昂利息。

另外，信用卡提现业务[1]也很危险。在你习惯了用信用卡提取现金去支付房租、水电煤气费等生活必要支出之后，你会渐渐淡忘自己是在"借钱"这件事，只要手头现金不够用了就去用信用卡提款。长此以往，你甚至会陷入一种从自己的账户取钱的错觉。等到回过神来，才发觉自己已经欠下巨额借款。如果你遇到了实在束手无策的情况，请一定要在使用信用卡提现业务之前跟你的父母商量。

---

[1]通常是指用信用卡借款并支取现金。——译者注

消费分期的结果模拟

假设你在 2019 年 1 月 1 日购买了 200000 日元[1] 的电脑、50000 日元[2] 的西装、10000 日元[3] 的皮鞋，使用每月还款 10000 日元的消费分期业务去支付的话……

还款金额（合计）	260000 日元[4]
还款手续费（合计）	43263 日元[5]
合计还款金额	303263 日元[6]

到 2021 年 3 月还清为止，合计支付金额竟然高达 303263 日元！

最近我还常常听到一种情况，即由于手机游戏的费用是通过手机通信费一并收取的，所以等人察觉的时候，手机通信费已经增长到令人震惊的大数字了。而且，据

[1]约为人民币 9600 元。

[2]约为人民币 2500 元。

[3]约为人民币 500 元。

[4]约为人民币 12500 元。

[5]约为人民币 2080 元。

[6]约为人民币 14600 元。

说因为使用智能手机的支付功能去购物而导致无法还款的年轻人的数量正在急剧增加。

方便的功能背后可能隐藏着陷阱，一定要小心啊。

❄ 金钱借贷——尽量少发生比较好

在"最初三个星期"一章里，我说过"不可以借钱"这样的话。但是，当你渐渐适应了新的环境，跟周围的朋友、伙伴、同事等人熟悉起来之后，轻松随意的小额借款也会经常发生。比如，你参加聚会时发现现金带得不够，向朋友借了一点钱，要记住第二天马上还给人家。口头上说的"什么时候还给我都行"这种话，彼此可不能太当真。

如果你实在没办法马上还钱的话，可以在借钱之后几天之内跟对方明确约定好还钱的期限，比如"下次发工资时我一定还钱，麻烦你等一等"。沉默着什么也不说最容易让别人失去对你的信任。到了还钱时，一定要好好向对方表达感谢。要是遇到无论如何也还不上钱的情况，请向你的父母求助。借钱后必须归还，这不只是为了你的信誉，也是为了借钱给你的人。

我再来讲一下如果有人问你借钱的情况吧。如果对方是你的朋友或同事，拜托你借给他一点点小钱去买瓶饮料的话，那完全可以借给他。如果对方没有及时还你钱，在你催促过一次之后他还是没有还给你，那就说明对方是一个对待金钱比较随便的人。那么为了避免冲突，请放弃你借给他的钱，并且今后也改变同他的交往方式吧。

当别人向你求借较为大额的数目时，如果你觉得这笔钱可以送给他，那就可以借给对方。如果对方到了约定的还款日期也没有还钱，那就算你去催还，应该也很难有结果，不如就理解对方的难处，跟自己说"反正就当是送给他了"吧。

毕竟，借钱是让朋友关系恶化的一大原因，所以还是尽量不要发生比较好。

关于邻里之间的相处模式

搬来新家已经有一段时间了，我想你应该渐渐熟知周围邻居们的样貌了吧。现在，你见到邻居时有没有跟对方好好打招呼呢？

人们在某一个地方生活着，邻里交往也会有当地的地域特征。有的地区人们彼此之间很少打交道，有的地区邻里之间关系相当紧密，也有的地区人员流动很频繁。首先，你要去体验并了解你居住的地区有什么样的特点，然后主动去适应那里。

在社会中生存，重要的不光是你想要做什么，还要明白周围的人对你抱有怎样的期待。

在日本，我们常常会使用"世间""人间"这样的词，这体现了一种价值观，即生活存在于俗世之间，也存在于人与人之间。请你不要想着自己还年轻，并不打算在某地常住，因此就不去关注你所在的地区；请你尝试着与一个地方建立关系。对于你这样一个初来乍到的"新人"，周围的邻居们期待你有怎样的表现呢？请在你能力允许的范围内，稍微思考一下这个问题。

❄ 上门拜访邻居——晚一点也没关系，快去打个招呼吧

如果你还没有拜访过你家左右和上下的邻居，趁现在还不算晚，快去打个招呼吧。"因为我很少在家，所以现在才来拜访您，实在不好意思。"只要这样说就行了。如果你去打招呼时再带上一些点心零食，价格不需要太高昂，都会给对方留下更好的印象。

毕竟，从你自身的安全出发，了解自己周围住着一些什么样的人是很有必要的。而且，在你上门拜访之后，下次再见到对方就能毫不犹豫地跟对方说一声"早上好"了。虽说也没有必要跟邻居进一步交好，但只要混个脸熟，

今后遇到什么难处也会更容易跟对方开口。

❄ 观察邻居的行为——打招呼的榜样近在眼前

如果你的邻居们彼此见面时会互相问候，那你也不要难为情，见面时跟大家打个招呼吧。从对面或隔壁的房门走出来的人、正在清扫房门外地面的人，都是你的邻居。即便你还不认识对方，也不妨跟对方问一句好，这样你们就会慢慢变成熟人了。

如果当地居民彼此见面并不打招呼，你当然也不用硬打招呼；不过在突然遇见邻居时能寒暄一句也不错，简单说上一句"你好"或是聊聊今天的天气就可以了。尤其是出门扔垃圾的时候，常常会跟邻居打照面，与其沉默地擦肩而过，不如问一句好。如果陌生的邻居变成了点头之交的熟人，当你遇到需要跟人打听的事，比如想找一位当地的好牙医时，就更容易开口了。

如果你家附近有小商店，你不妨常去光顾一下。比如蔬果摊、点心店或咖啡馆，这些店的店主都是很欢迎本地住户光临的。请你试着跟他们搭话，比如说："我是最近搬到某某公寓的。"说不定，你可以跟店主成为熟人，扩大在本地邻居之间的社交范围。

❄ 扔垃圾的方式——邻居们都在看着哦

先前我提到过处理垃圾方面的注意事项，现在，我希望你再确认一下，你有没有好好按照本地规定的方法处理垃圾呢？即便没人对你说过什么，但你处理垃圾的方式邻居们可都看在眼里。如果你现在还对处理垃圾的做法没有把握，那最好去询问一下邻居们是怎么处理垃圾的吧。

如果你没有机会询问，那就观察别人扔垃圾的方式。每个地区都有自己的规定，你必须留意去遵守本地的做法。

如果你家附近的居民们在处理垃圾方面比较随意，你反而更应该坚持遵守本地区关于垃圾处理的规定，不去迎合这一风气，即便只有你一个人在好好做。

一定会有人看在眼里的，而对方也一定会觉得你虽然年轻但做事很得体。

❄ 邻里纠纷问题——来往保持分寸感

先前提到过，邻里纠纷最常见的原因就是噪音。刚开始你应该会比较小心，但渐渐习惯了之后就有可能会松懈。

请审视一下你现在的生活：你有没有在深夜时分大声听音乐或看电视，往地上放东西时发出声响，一直"咚咚咚"地走来走去呢？如果邻居上门投诉，请不要找借口，先坦率地道歉吧。接着，要仔细询问对方的困扰何在，问题尽量具体些，比如："请问您听到了什么样的声音？""大约几点的时候您觉得吵？"在了解清楚对方的困扰之后，要向对方表达你的歉意以及会改正的决心。如果你也有不得已的情况，也要向对方解释清楚，比如，因为要在大学里做研究所以回家很晚，因为要加班才不得不在深夜洗澡，因为腿受伤了所以短期内只能拖着脚走路，等等。知道了你的为人之后，对方也会更愿意理解你。

另外，如果你遇到隔壁邻居太吵或楼上漏水等别人给自己添了麻烦的情况，尽量不要直接去找对方抱怨，而是应该告诉房东或房屋管理公司，请他们出面处理。如果事态严重到要报警的地步，比如受到对方大声威胁，请你先跟父母商量，然后再采取行动。越来越多的犯罪事件是由仇恨引起的，所以请你多加小心。

我们并不是一个人活在世上，所以与周围的人和谐相处是很重要的。正如旧时人们常说的，"远亲不如近邻""房东如父母"，邻居常常会像亲人那样为我们提供帮助。从这个角度出发，我们也应当重视邻里往来，不要因为些许小事就与邻居发生纠纷。

当然了，我们也没有必要为了让对方了解自己而透露过多隐私。尤其对年轻女性来说，这可能会招来危险，所以，请注意与邻居保持有分寸的来往吧。

❄ 请人来家里做客时——事先告知很关键

当习惯了独立生活之后，你就会想请朋友来自己家做客了吧。如果你想邀请很多朋友一起到家里来聚餐、聚会或过夜的话，应该事先跟隔壁以及楼下的邻居打好招呼。"从 X 点到 Y 点，我请朋友们来我家一起吃饭。可能会发出一些吵闹声，不好意思。如果到时候打扰到您，请随时告诉我。"像这样事先跟对方说一声的话，随后就不容易发生纠纷了。只要告诉对方时间段并表达歉意，对方的态度和反应就会截然不同。

如果对方家里有无法被吵到的情况，如有人生病、孩子刚出生不久等等，那你就要马上放弃自己的计划，转而采取在外聚餐等替代方案。即便我们内心希望偶尔能跟朋友欢聚一堂，但绝不可以把自己的快乐建立在他人的困扰之上。

❇ 了解本地的情况——早早开始收集信息

如果你打算在现在居住的地区多住几年的话，那就进一步了解一下这个地区吧。

你应该已经知道了这里最方便的超市和便利店的位置，那你知道附近的医院在哪儿吗？当你需要紧急就医时，可能连检索医院的时间都没有。请事先查好自己家附近的医院所在，不光是内科医院，还要查清外科、牙科、耳鼻喉科等专科医院的位置。

这些信息在网上也能查到，不过最好还是跟当地居民打听。关于哪家诊所更好，当然还是住在附近的人最有发言权。请你不妨在跟邻居打招呼的时候，顺便婉转地打听一下医院吧。

第三章

六个月后

与季节和环境相适应的生活

接下来的六个月，我们来思考一下如何让生活适应季节与环境吧。一个四季分明的地区，在六个月之间，季节与环境会发生很大变化，因此生活方式也应该随着季节和环境的变化而改变。

如果你是在天气暖和的春夏季开始第一次独立生活，那么接下来的六个月则会转入天气寒冷的秋冬季，这就要求你采取与此前不同的生活方式了。你可能会想，自己已经活了这么多年，这种事当然明白，但是根据你居住的地区和房屋的不同，季节转换所引起的环境变化是有相当大的差异的。尤其是从夏季到冬季的转换，会给生活带来很大的变化，请你一一注意应对。

首先，日照时间将会变短，气温也会大幅下降。你会渐渐觉得现在的被子不够厚，衣服也逐渐不够保暖。即便你已经充分适应了独立生活，觉得自己没问题，可现在的课题并不来自你本身，而是来自外部环境的变化，你要因此而改变自己的生活。

在过去，人们会通过一年当中的各种节日活动和仪式，自然而然地把季节变化引入自己的生活当中。如今，这样的节日活动和仪式已经减少了，需要我们自己去意识到每一个时节的转换。

而且，独自生活了六个月，如今也到了你该重新审视自己的生活环境的时候了。

现在，你的独立生活应该已经安顿好了。这条街、这个家住起来是否舒适便利，你也应该已经有自己的感觉了吧。比如家里虽然很好住，但附近可以购物的地方比较少，不大方便；比如这一带生活很方便，你很喜欢，但上班上学交通不便，所以每天都很累；比如无论你如何改善生活中的做法和技巧，家里还是有些不方便的地方让你束手无策……如果遇到这样的情况，现在也是时候考虑搬家了。

换句话说，在你已经独立生活了差不多半年时间后，就需要判断一下自己今后的生活是否需要做出改变了。根据各自不同的情况，或许也会有人觉得自己没办法独立生活，那样的话也可以搬回父母家。这样的感悟也同样非常重要。

趁现在，请你客观地审视自己的生活吧。

与季节变化相适应的房间布置

在现代生活中，由于高密闭、高隔热性的住宅已经相当普及，大多数房屋也都安装了空调，因此不再需要完全按照过去的做法去应对季节的变化了。不过到了冬天，我们还是有必要在生活上做一些过冬的准备。而且，如果随着季节转换而改变房间里的布置，生活会变得更加有情趣，也能让你对房间、衣物、用具等定期进行周到细致的保养。

由于你现在居住的地区可能不在老家，所以无法完全照搬父母家的做法；不过，还是请你先一边回想父母家的换季生活方式，一边思考自己该做什么吧。

在父母家，到了换季时节都有哪些工作要做呢？比如更换衣柜，把冬季的衣物拿出来，夏季的衣物收进去。

请你思考一下，根据你现在的生活，你有多少衣物需要更换呢？在父母家，可能还会把电暖器、电热毯和有加热功能的地毯等用具拿出来准备过冬。那么，你需要为你自己的家添置哪些过冬用具呢？

❄ 房屋的过冬准备——在用暖气取暖之前

从前，日本还没有空调的时候，人们会根据季节变化而改变房间的布置：到了夏天，人们在窗前挂上通风性能良好的竹编和草编的帘子或质地轻盈的麻布帘，在地上铺触感凉爽的藤编席子；到了冬天，人们在窗前挂上能遮挡寒气的羊毛窗帘，在地上铺好温暖的地毯。这些都是日本人应对季节变化的生活智慧。

尽管现在会把这些全都做到的家庭已经不多了，但也很少有哪个家庭是保持着夏季的房间布置直接过冬的。如果你打算用夏季用的窗帘为开了暖气的房间保暖，仅此一项就会多花费不少电费，很不划算；如果冬季家里的地板还是触感冰凉的，也会觉得不舒适吧。

那么，你家里又是怎样的呢？比如寝具，在父母家，到了冬天应该会多加一床被子或一条毛毯，床单也会换成毛茸茸的类型。如果你觉得现在盖薄被子有点冷了，那就该为冬天准备一床厚被子了。换下来的夏被要洗净后完全晾干，然后叠好收进壁橱里。

在更加寒冷的地区，除了空调，可能还需要购置其他御寒工具，比如电暖器或被炉。如果你要买新的，那就要找到适合你房间大小的小型产品，以便到了夏季可以收进壁橱里。另外，你还可以给自己准备好室内穿的居家服、暖和的拖鞋。在你掏钱购买这些过冬用品之前，也可以先问问父母家有没有闲置的物品可用。

❄ 冬季衣物——到了冬天，给衣物换季

如果你已经觉得此前一直穿的连帽衫或夹克不够暖和了，就该想着是去父母家取来大衣、毛衣等冬季衣物，还是请父母把这些衣物给你寄过来了。

不知为何，我常常看见不少住在大都市的年轻人——尤其是年轻小伙子们——穿着没有季节感的衣服。他们一年四季都穿着自己喜欢的 T 恤，就算天气寒冷也只是再披上一件帽衫。

让我们试着回想一下上中学时穿校服的日子吧，那时，到了每年 10 月，夏季校服就要换成冬季校服了。不论何时都穿着短袖 T 恤的话，不光不太得体，而且很可能感冒。就算只是为了守护自己的健康，我们也应该及时接收季节转变的信号，注意更换符合当下季节的服装。

❄ 以便来年使用——不能只是放着不管

当我们把冬季衣物拿出来之后，夏季衣物就应该收起来以备来年再用了。如果想着下次穿之前再洗这些脏衣服，把它们放着不管，经过半年时间会怎么样呢？汗迹会变成黄渍，污垢形成的斑痕会再也洗不掉，沾染的食物的颜色也会变色、变质，成为洗不掉的顽固污渍。所以，衣物在收起来之前必须洗干净。

轻薄的衬衫、麻制的夹克，像这一类明显是夏季穿的衣物应该自己动手或送去洗衣房清洗干净之后，在衣橱中靠近一侧挂好。白衬衫如果紧挨着深色衣服放置，可能会被染上颜色，所以要特别注意。

夏季穿的凉鞋、帆布鞋，要把其表面的污垢擦拭干净之后再收纳到鞋柜高处。由于湿气容易在低处聚集，所以存放在低处的鞋子很容易发霉。出于同样的原因，夏季用的毛巾被也应该在清洗干净之后，尽量放在壁橱或架子的较高处。

❋ 顺便提醒——为了夏季做些准备

接下来，我想再说一说从冬季向春夏季转换前要做的准备工作。在这个时期，与入冬之前一样需要更换衣橱里的衣物，也要把冬季用过的取暖用具重新收好。

首先，我们要把家里用过的电暖器等取暖电器的表面擦拭干净，再给它们罩上大塑料袋，然后放进壁橱的深处。有加热功能的地毯和电热毯，要去除表面的污垢后叠小收进壁橱。

冬季用的被子，被罩要拆下来洗干净，被芯要好好晒过太阳，然后再叠好收进壁橱。至于毛毯，因为体积过大，不妨送去洗衣房整个洗净。如果用冬季铺的床单把冬季用的被子整个包起来收纳，被子就不会在用不上的季节落灰啦。

接下来是冬季衣物，比如大衣、羽绒服等。这些衣服不会轻易买新的去更换，所以要好好保养以便下个冬季还能用。首先用干毛巾（如果有清洁衣物专用的刷子就更好了）去除衣物表面的尘垢，然后在衣橱中靠近一侧挂好。如果是用羊毛或羊绒等天然材质制成的较为高级的大衣，无法在自己现在住的家中保管妥当，那你可以拜托父母，把它们放回父母家保管。

大衣或毛衣这类衣物如果弄脏了就要送到洗衣店清洗，之后再收起来。洗衣店附赠的塑料防尘袋不能长期使用，这种防尘袋不能用于衣物的长期保管，衣服罩着它挂久了可能会因为受潮而发霉，必须换成专用的衣物防尘袋。

你可能会觉得这些工作好麻烦，可是，好好的衣物如果不认真保养有可能就再也不能穿了。尤其是夏季，常常出现衣物被虫蛀了小孔的情况，所以要格外小心。

换季时要做的事

衣物换季的注意事项

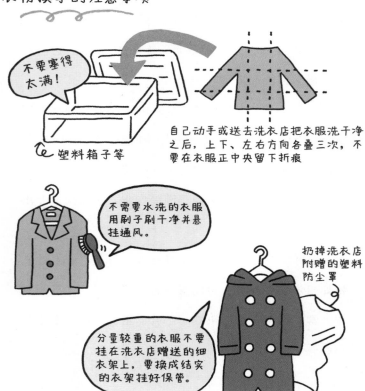

不要塞得太满！

塑料箱子等

自己动手或送去洗衣店把衣服洗干净之后，上下、左右方向各叠三次，不要在衣服正中央留下折痕

不需要水洗的衣服用刷子刷干净并悬挂通风。

扔掉洗衣店附赠的塑料防尘罩

分量较重的衣服不要挂在洗衣店赠送的细衣架上，要换成结实的衣架挂好保管。

家用电器的注意事项

电暖器——把表面擦拭
干净后用大塑料袋罩好
再收起来

电热毯和被炉用的
被子——去除表面的
污垢或清洗被罩后，
折叠收纳

空调——在换季时
清洁滤网

冬季做家务的变化

　　做饭、洗衣、打扫，我们一年到头似乎总在重复做同样的家务事，但其实不然。随着季节转换，我们做的家务也有所改变。根据日照的长短变化、气温的变化、应季食材的上市，我们有必要下点工夫去调整家务的做法。

　　人类是大自然的一部分，因此，我们的身体状态也会随着季节的变化而变化。例如，你知道我们身体的基础代谢率会根据季节而变化吗？到了冬季，为了应对寒冷的天气，我们的身体需要更多能量。所以自古以来，人们都会为了抵御寒冷而吃许多能温暖身体的根菜类食材。而到了夏季，为了对抗炎热的天气，我们的身体会大量出汗来降低体温。由于汗水及体表污垢（新陈代谢）增多，我们在洗涤衣物的时候就要格外注意。

只要我们明白自己的身体状况会随着季节变化而变化，在生活中一直关注自己的身体，那么我们自然就能养成与季节相适应的生活方式。

如今，我们的室内环境已经不再像过去那样随着季节变化而明显变化，城市化的街道也在一定程度上保持着稳定。因此，我们更要自发地、积极地去感知季节的变化，随之调整自己的生活，否则我们的身体可能会在不知不觉间被变化的气候弄垮。

❄ 冬季洗衣——改变干燥方式

①晾晒方式

随着季节转换，变化最大的家务就是洗衣服了。冬季与夏季相比，不仅光照时间不同，而且风向也会变。还有，冬季时的地区差异比夏季时要大得多，有的地区降雨很少、容易干燥，有的地区则降雪量大、湿度偏高。所以，即便是在同一所房子里，也需要根据季节的变化去改变晾晒衣物的位置和时间。

例如，在冰天雪地的地区，室内湿度较高，不适合在室内晾干衣物，那可能就需要一台烘干机。而在干燥的地方则容易扬沙，如果洗净的衣服晾在室外反而会被弄脏，所以最好把衣物晾在室内。

在冬季，由于太阳在空中的位置偏低，所以在有些房屋中，阳光反而能更多地照进室内，在室内晾晒衣服的效率也就更高。也有些人家里的窗户朝西，夏季炎热而惹人厌，但到了冬季则因为光照好而成了宝贝。你也不妨尝试关注一下，如何能像这样随着季节变换去好好利用自己的家。

②羊毛制品的洗涤方法

比起夏季衣物，冬季衣物对洗涤方式的要求更高。首先，羊毛材质的毛衣、围巾等衣物不能直接放进洗衣机洗涤。每件衣物的标签上面都附有洗衣标志，请在洗衣之前确认好这件衣物是否可以用洗衣机洗，如果不能，还是送去洗衣店干洗比较好。

如果是能用洗衣机洗的羊毛材质的衣物，要把它们放进洗衣网袋，然后使用羊毛制品专用的洗涤剂来洗。否则，衣物可能会缩水、变形或者表面变硬。

现在很多厂商都会在衣服上标明该衣服的洗衣标志，请再好好学习一次吧。

洗 涤 标 志

不可水洗　不可氯漂　不可烘干　不可熨烫

......

这些标志通常在衣服的这个位置，要好好确认哦！

❄ 冬季打扫——注意织物产生的灰尘

在人们的印象中，打扫这件家务事似乎一年到头都是相同的；然而实际上，由于我们在不同季节里穿的、用的东西都不一样，所以打扫房间的方法也有所不同。

你知道吗？室内的灰尘大多来自布料。到了寒冬，我们身上穿着编织厚实的衣物，睡觉时也盖着厚实的被子，所以织物产生的灰尘也比夏季更多。而且，如果空气比较干燥就容易产生静电，我们身上穿的衣服也因此更容易吸附灰尘。这些灰尘落在地板上，就成了室内灰尘。

由于这一原因，到了冬季更需要时常使用吸尘器或静电地板擦来对付灰尘。前面我推荐过使用清水擦洗的方式来打扫房间，不过到了冬季，能把灰尘直接吸走的吸尘器就比湿抹布更合适了。

在收纳被子等容易抖落灰尘的物品时，只要我们开窗让室内通风，较轻的灰尘就会被流动的空气带到室外。所以即便天气寒冷，也要记得开窗通风哦。

❄ 冬季特殊饮食——能让身体暖起来的饭菜

在夏季，可能有不少人常吃凉面、冷面和生的蔬菜沙拉。在炎热的季节里，凉凉的食材能让身体降温，吃起来会让人觉得美味。然而，即便我们再喜欢那些食物，也不能一直按照夏季的饮食习惯过日子。有很多人为了多吃蔬菜就一直坚持吃蔬菜沙拉，尽管这个想法不坏，但请不要忘记，生食蔬菜是会让身体降温的。

在冬季，让身体暖起来是很重要的事，所以请多吃些温热的素菜或放了很多蔬菜的砂锅吧。在寒冷的冬季，为了维持体温，摄入能温暖身体的食物是很重要的。

首先是食材方面的选择。人们常说要多吃应季食材，也就是要多多摄入当季所特有的营养。冬季的应季食材就是大白菜、菌菇，还有白萝卜、芋头等根茎类的菜。要把这些食材一一记住可能不容易，那就请你记住：在超市里堆积如山、售价便宜的食材，在小摊位上露天出售的食材，就是应季食材。

接下来是食用方法。请把冬季的食材做成砂锅或汤来吃吧。例如姜，通常被视为一种能够驱寒的食材，但如果生吃的话反而会让身体变寒。如果把生姜煮进汤里，把它跟豆腐之类的热菜一起吃下去，就能让身体暖起来了。有些生吃时会让身体变寒的蔬菜，一旦做成热菜就能帮身体驱寒了。同一种食材，根据做法不同，对身体的效用也会发生变化。

在整个冬季，最好少饮用冰镇的果汁和啤酒，少食用冰激凌和雪糕等冷食物。当然，也不必勉强忍耐。如果摄入了低温的食物，那就尽量再吃些热腾腾的食物吧。

简单的蔬菜汤

胡萝卜

卷心菜

洋葱

土豆

南瓜

火腿、培根或香肠

把蔬菜切一切，用超市卖的汤底煮成汤

白萝卜

大葱

魔芋

油炸豆腐

用各种调料按照个人口味调味，煮成蔬菜汤

❄ 由夏入冬的健康管理——应付身体受寒、干燥、感冒的对策

在这一章里，我好像总是在念叨"应对寒冷""防止受寒"，因为身体受寒是多种疾病的源头。据说，人类的新陈代谢机能在体温三十七摄氏度左右时运作得最好。

现在你独自生活，身边没有家人不厌其烦地提醒你提防身体受寒，所以在不知不觉间你的身体可能就受了凉，进而损害了健康。真叫人担心啊。尤其是女性，年轻时常常受凉，将来可能会患上各种疾病。所以请你趁现在多多留神，好好备齐冬季必要的衣物和用具吧。

①为了让身体放松，要盖暖和的被子睡觉

你现在的寝具是什么状况呢？你有没有因为觉得麻烦，还在继续使用夏季的被褥呢？有没有因为现在的家里没有冬季用的厚被褥，所以穿着厚厚的冬衣，裹着薄被睡觉呢？

如果我们蜷缩着身体睡觉，有可能会肩膀酸痛、颈

部损伤，而且会睡不踏实。准备冬季的被褥和毛毯，不光是为了在睡眠期间保持体温，也是为了让人得到充分的休息。

还有，为了可以放松下来好好睡觉，还应该脱掉袜子，换上宽松的睡衣。如果穿着袜子睡觉，脚会因为受到束缚而无法放松，而且身体暖起来之后脚会出汗，反而更容易受凉。

因此，请使用冬被或把两三床被子、毛毯叠起来使用，好好保暖。尤其是颈肩和脚一定要盖好，让自己暖暖地睡觉。请你记好，如果脖子、手腕、脚踝这三处身体纤细的部位暖和了，人就能放松下来。

②不要让下半身着凉

我刚刚提到，睡觉时最好不要穿袜子，不过起床之后一定要穿好袜子，不要让脚变凉。必要时还需要穿上厚拖鞋，防止体温下降。

另外，你有没有直接坐在地板上的习惯呢？如果臀部、腰部和腹部着凉的话，不光容易引起便秘或腹泻，还有可能导致女性的妇科疾病。男性也要当心，受寒有可能会导致关节疼痛，还会有椎间盘突出等问题。如果因为自己还年轻就掉以轻心，总有一天身体会一一给我们"回报"。请你从现在开始，认真预防将来可能会出现的病症吧。

要是你家里没有坐垫，可以使用靠垫或是叠起来的毛巾，什么都行。

③叠穿衣物，调节温度

最近，市场上出现了很多使用合成纤维素材来实现保温和发热的衣物。你也有这一类衣物吗？穿得还舒适吗？

我首先想要提醒你留意的是，你有没有由于过于相信这类衣物的保暖功能而穿得太少呢？还有，当你活动身体时，是否存在因为衣服太热导致出汗，而衣料又不容易干，汗水挥发不了而导致身体受寒的情况呢？应该有吧。此外，由于化学纤维在穿着时会夺走皮肤的水分，使皮肤干燥，所以本身肤质比较敏感的人有可能因为这类衣物而出现过敏症状（皮肤变红，受摩擦处变痒）。

如果我们要用衣物来调节体温，叠穿是最好的办法。首先，直接接触皮肤的内衣要选择纯棉或丝质等天然材质的，防止皮肤干燥、发痒。外面再穿一层对皮肤不刺激的长袖T恤，接下来是毛衣等羊毛制品，最后是披在最外层的大衣、夹克。像这样层层叠穿，能够热了就脱、冷了就穿，这是调节体温的最佳方法。

如果你选择了摇粒绒等化学纤维制品，请把它们穿在纯棉衣物外面，尽量不让它们直接接触皮肤。这类人工材质，贴身穿或许容易保温，但也容易在出汗后无法将汗排干。请注意选择容易穿脱的服装搭配吧。

④泡澡暖身

你有没有时常泡澡呢？或者，你更喜欢淋浴？即便你本身喜欢淋浴，可到了冬季，我建议你还是时不时地给浴缸注满热水，在里面泡一泡吧。只要在温热的水里泡一会儿，我们的身体就会由内而外地暖和起来。人体舒适的温热的水温是三十九到四十摄氏度，不过温度的设定其实不用那么严格，只要靠自己的身体去感觉就好。水不冷不烫，而且让自己很舒服，那就是合适的温度。

泡完澡之后，要把头发彻底吹干，然后在体温降低之前钻进被子里。只要做了这些小事，你的身体就能焕然一新，你应该也就能好好地睡一觉了。

⑤早上吃热乎乎的东西

你有没有好好吃早饭呢？我非常希望你能好好吃早饭，但如果你觉得早饭只喝蔬菜汁也能保持良好的身体状态，那也好吧。不过，在冬季这段寒冷的时间，请你早上尽量吃些热乎乎的东西吧。

你可以喝些热牛奶、热橙汁、热水冲泡的速食汤。如果你要喝咖啡，那就多放些热牛奶。只要我们把热乎乎的东西送进肚子里，就能防止身体受寒。热的白开水其实也很好喝，请务必一试。

⑥防止室内干燥

你居住的地区气候如何呢？常常降雪吗，还是冬夏温差不大？如果你住在冬季气候干燥的地区，皮肤可能会因为干燥而发痒，还更容易感冒，所以如果室内能保持一定湿度，在各方面都是对健康有益的。

不用花钱去买加湿器，也有各种办法可以防止室内干燥：在室内晾晒衣物；前一晚泡澡之后把浴缸里的水留到第二天，并打开浴室的门。如果因为太干燥而感到喉咙不舒服，只要把一块湿毛巾晾在床头，就能让情况有些改善。

如果感到干燥却没有采取对策，就有可能患上伤风感冒或染上流感。所以，请一定要妥善采取措施！

⑦刚感冒就马上应对

不论我们如何注意保暖和干燥的情况，在冬季我们仍然可能会频发伤风感冒和流感。外出时戴上口罩，给身体保暖，注意保持空气湿度……尽管这些预防措施是有效果的，但感冒还是很难预防。

一旦有了喉咙疼痛、后背发凉等感冒症状，就应该马上应对。首先要让颈部暖和起来；其次，吃热乎乎的食物；还有，一旦稍有不适，当天晚上就更不能熬夜，要早早睡觉。

你知道"葛根汤"这种药吗？这是一种在感冒初期非常见效的药，请你最好常备这种药。而且，由于冬季是容易生病的季节，除葛根汤之外，希望我先前提到的一些药，比如肠胃药、感冒药、退烧药，你都已经备齐了。

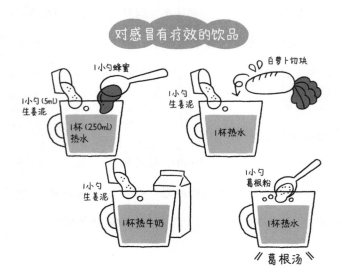

对感冒有疗效的饮品

享受季节性节日和活动

对年轻人来说，提到每年例行的节日活动，脑海中浮现的或许大都是圣诞节、情人节，以及近年来渐渐流行的复活节、万圣节，总体来说基本都是西方的节日。其实每个地方都有许多从当地的季节和风土中孕育而出的传统节日活动。

可能你会觉得自己现在是独自生活，这些跟你没什么关系。但是，这些事在你将来成立家庭之后应该都派得上用场。传统的节日活动并不是什么非做不可的事，但把它们融入生活能让我们的日子更加有温度，心中也会自然流淌出对平安岁月的感激之情。

而且，这些节日活动也能成为我们与他人加深关系和感情的机会，不光是与家人，还有朋友和邻居。

况且，这也不失为一个了解本土文化的机会，所以请听我说下去吧。

❄ 年末大扫除——心怀感谢与祝愿

最重要的传统节日活动，就要数岁末年初的新年活动了。除夕之前，我们要把家里清扫干净，然后迎接除夕夜的钟声，一家人团聚在一起，相互拜年。尽管你现在是独自生活，但到了年末还是应该把自己的家好好清扫一番。

说起来，你知道我们为什么要做年末大扫除吗？这并不是说要把一直放着不做的打扫工作攒到年底集中做完，而是因为只要过日子就一定会留下各种各样的污迹，年末大扫除就是要把这些污迹全部清除，让家里干净整洁，准备好迎接新的一年。所以，请你不要想着自己反正要回父母家过年，就不用大扫除了。你自己的小家为独自生活的你提供着支撑，请一边感谢它并祈愿新的一年是美好的一年，一边认真为它做一次年末大扫除吧。

①首先是玄关和用水的场所

首先，我们要按照平时的做法把家里打扫一遍。为了迎接新年，我希望你能深度打扫一下玄关和用水的场所（厨房、洗手间、浴室）。要让玄关干干净净地迎接新年，也要让用水的场所干干净净，这也能为新的一年带来好运。

②把积攒至今的污迹清理干净

接下来，最好能打扫一下平时不太去打扫的地方，比如窗玻璃、暖气片、换气扇、抽油烟机等等。还有，窗帘也该洗一洗了。窗帘很容易吸附脏东西，其实很脏。冬季气候干燥，洗完之后稍稍甩干，然后按原样挂回窗帘杆上，整理好褶皱，窗帘就能自然地顺着它垂挂的形态被晒干了。还有餐具柜、鞋柜、书架等柜子和架子里面，尽管平时看不见，但这些地方也都是会脏的。请你去仔细检查一下，别怕麻烦，好好擦一擦吧。

③地板、床架也要打扫干净

请不要因为平时都用吸尘器打扫这些地方，所以这次就不打扫了。难得的大扫除，床架和地板的表面都用使劲拧干的抹布擦一遍吧。只要这样擦过，床架和地板就会像洗过一样干净清爽。平时常用手接触的地方，比如门把手、微波炉的门等，只要擦一下就会发现上面有人手留下的污渍。请你用湿抹布擦拭表面去除污渍，让这些地方也干干净净。

④这些地方如果闪闪发亮会让人心情愉快

我建议你认真擦拭水龙头等金属部件来为这次大扫除收尾。用旧牙刷或海绵去擦洗脸台、厨房和浴室的水龙头，就能让它们变得锃亮。金属部件如果闪闪发亮，就能让人觉得家里很干净；而且，你心里也会涌现出"大扫除完成了"的满足感。

⑤扔掉家里积存的垃圾

大扫除之后，最后要做的一件事就是处理垃圾了。尤其要确认一下有没有大型垃圾、玻璃瓶、金属罐头这类垃圾一直放着没扔。可不能留着垃圾过年呀。

过去的人常说"穷神喜欢脏脏的地方，所以一有垃圾，穷神就会住进去"。为了不招来"穷神"，可不能把垃圾一直留在自己家哦。

❄ 过年时的房间布置——即使回父母家过年，也要把自己家装点好

过年的时候，你要回父母家还是留在自己家呢？不管在哪里过年，你都可以在自己家做些过年的布置。过年时的布置并不仅仅是为了装饰，它们每一样都有特殊的意义，寄托着人们的美好愿望。对自己能够健康地生活怀抱谦逊的感激之情，这其中也饱含着"希望这样的好日子能继续下去"的单纯愿望。

布置过年的房间既不是什么难事，也不是绝对非做

不可。但你不妨怀着一点享受过年氛围的心情试试看吧。

①布置过年装饰品

先从玄关的大门开始装饰怎么样？可以选择自古流传的那种门松[1]，也可以选择现代风格的松枝花环。如今，网上就能买到可爱的装饰品。不过，如果你是女性，请注意避免购买那些能让人明显看出这里是独居女孩家的装饰品。如果挂在门外觉得不安，也可以把装饰品悬挂在室内玄关处。

②供奉镜饼（圆形年糕）

你知道吗？人们认为，镜饼是过年期间岁神逗留的场所。只要外形是镜饼就可以了，从便利店买来的那种也可以，请用它来装饰过年的房间吧。现在市面上还有

---

[1]门松是日本传统的新年装饰品，一般由松树和竹子组合成，成对地摆放在大门口两侧。门松摆放的时期称为"松之内"，从1月前开始摆放，各地略有不同，有的地方摆放七天，有的地方则长达十五天，"松之内"结束后，一般门松会被拿去神社焚烧代表送别神明。

那种防止发霉的包装，买哪一种都没关系，重要的是我们摆放它时的心意。

到了 1 月 11 日"开镜之日"，就可以把镜饼吃掉或是处理掉了。

③一个人过年的餐桌

若是由于某些原因你只能选择一个人过年，恐怕很难准备出一大桌年夜菜。现在超市或餐馆都可以买到一人份的年夜菜，不过也没有必要勉强自己吃一些不太好吃的东西。如果你有心为过年庆祝一番，那不妨简单给自己做几道有仪式感的菜吧。

不费太多工夫，也能好好庆祝新年哦！

一年中的节日活动——
即使是独自生活也可以
好好庆祝

1月7日 **七草粥** 将前一天剩下的米饭加水煮成粥，再把白萝卜的叶子切碎放进去，最后加盐调味，美味的七草粥就做好啦。 	**2月3日** **节分** 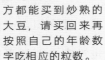 在便利店等地方都能买到炒熟的大豆，请买回来再按照自己的年龄数字吃相应的粒数。	**3月3日** **桃花节** 如果你是女孩，请在自己家里至少摆放一对古装人偶吧，你的房间会因此而明亮起来哦！
4月 **赏樱** 你家附近的某个地方一定有樱花树。不走自己平时总经过的路，而是稍稍绕远，一边散步一边看看樱花怎么样？	**5月5日** **端午节** 哪怕只吃一份槲叶年糕也好。如果还有精力，那就买来菖蒲挂在家里或煮成菖蒲汤泡澡吧。 	**6月22日前后** **夏至** 这是一年里白昼最长的一天，炎热的夏天从这一天开始。该为夏天的生活做准备啦。 

你知道每年都有哪些节日庆典、民俗活动吗？既然生在这里，不妨了解一下本土的节日活动吧。下面我简单列举了日本在一年中应季的节日活动，还提供了一些独自生活的情况下如何庆祝的小灵感，你可以根据你所处环境的实际情况，规划出你要庆祝的节日活动。

7月7日 七夕	8月13~15日 盂兰盆节	9月23日前后 秋分
回家路上，不妨抬头望一望夜空，看看星星吧。 	在这一天，如果你能怀念起已经过世的祖父母或其他亲人，就足够让人欣慰了。 	跟春季的春分一样，秋分是昼夜等长的一天。可以祭祀扫墓，登高望远。
10月 赏月	11月7日前后 立冬	12月22日前后 冬至
买来点心，摆放在盘子里供奉给月亮，然后再把它吃掉吧。 	正如其名，这一天是冬季的起始。我们也该认真考虑过冬的准备工作啦。 	花大价钱买一颗柚子来吃吧，剩下的柚子皮放进浴缸，泡个柚子汤澡，可以预防感冒哦。

审视生活环境

先前我已经提到过，眼下已经到了你该考虑这个问题的时候：今后你是否要继续在这个家里生活下去？如果这是你第一次独立生活，还没有在其他地方生活的经验，可能会感到无从比较；不过现在已经过去半年时间了，通过与朋友住的公寓做对比，了解到同样的房租还可以租到其他样式的房子等信息，你或许就能做出比较和选择了。

我最希望你去关心的是，现在的家是否适合你。有许多事是要住一住才能明白的：比如跟周围邻居的生活规律相差太大，有很多不便；比如晚上回家时路上太暗，让人提心吊胆；比如房间朝向不好、光照不足，导致人心情沮丧，等等。

"我觉得那一带生活好像更便利，而且比这一带房租便宜，我想搬过去试试。"如果你产生了这样的想法，哪怕只是稍微想想，也应该认真思考一下是否要搬家。如果你认为现在的生活很适合自己，还想要继续住在现在的家里，那也可以考虑一下今后的生活能有什么改善。

❊ 考虑室内装饰与家具——为了继续住下去而要做的事

如果你愿意继续住在现在这个家里的话，那不妨考虑把家里稍稍升级改造一下。不需要购置什么高级的家具，只要改善一下那些让你觉得有点不方便、在将就的地方，就可以了。比如"在矮桌上学习太容易累了，我想买一张书桌"或是"直接坐在地板上休息很难消除疲劳，我想买个沙发"，像这些为了让自己的生活更加舒适而购买的东西，在我看来是非常重要的投资。

就算价格有点贵，但只要是你仔细挑选后选定的，那也可以买下来。你知道有句老话说"买家具要去看三遍"吗？这句话的意思是：如果对某一样物品你喜欢到愿意去看三遍，而且第三次去看的时候它还在，那你就可以把它买回家。当然，决不能为了买东西而欠下不合理的借款哦。

✳ 确定长期目标——有计划地执行

现在，你已经渐渐习惯了独自生活，日子越过越安稳，那就可以尝试给自己定一个长期目标了。比如想去哪里旅行，想开始一项什么兴趣爱好，想考取什么证书，等等。

或许也有人忙于学习或工作，完全无暇顾及这些；不过一旦有了目标，哪怕这目标只是一件小事，人也能朝着目标更加积极地生活。如果这件事要稍微花费些钱，那么为此而存钱也应该成为你目标的一部分。

即便你不喜欢现在的家，也不要脑门一热就决定明天搬走。搬家前要做好很多准备工作。你从父母家搬出来的时候，其中绝大多数搬家的事宜可能都由父母为你做好了；但是下次搬家时，你就要自己承担所有工作了。而且，不论你多么讨厌这个家，都请铭记一句话：雁过无痕，云净天空，请一定要像真正的成年人那样体面地离开。

这一章的最后有一份关于搬家找房子的指南，供你参考。

①首先与父母商量

在你决定搬家之前，首先请与父母商量。如果你尚未成年，自己是无法签署合约的，所以我不建议你擅自搬家。

还有，搬家需要用钱，所以请你慎重考虑这笔钱从哪里来。在选择新家的时候，应该尽可能详细地列举自己现在的要求。与你从父母家搬出来时不同，这次你可以一边住在现在的家里一边找新家，所以不必着急，多花点时间，耐心地寻找更适合自己的房子吧。

②表达退租的意愿

如果你选定了新家，那就要向现在的房子的管理公司或房东表达想要退租的意愿，并询问应该如何办理手续。一般来说，租房合约上会明确记载着与退租有关的条款，通常会要求租客提前一个月以上提出退租要求。

③决定搬家日期之后

决定搬家日期之后，不要忘记去办理停止使用水电煤气的手续。还有邮局的转寄申请手续，若是没有事先打点好会给管理公司或房东添不少麻烦。还有，交接房间之前要好好打扫干净，认真检查房间里有没有破损或弄脏的东西。如果你事先支付了押金，那么根据房间使用情况，管理公司或房东会从押金中扣除恢复原状所需的费用；若是房间干净且无损坏，你应该就能拿回全部押金。

找房子 & 搬家指南

找房子

1. 按照优先顺序列出你对新房子的各项要求

首先请你列举出必不可少的条件。比如：上学上班通勤时间在三十分钟之内、配备洗手间和淋浴、房间朝南、二楼以上、步行十分钟之内可以到达车站……你可以把这些条件一一列出来，然后考虑自己最无法妥协的是哪一条或几条。

2. 决定你想住在哪个街道／社区

请先考虑你要找的居所与你上学上班的地方之间的距离，然后去实地考察你想住的那些街道／社区吧。尽管如今通过地图、网络检索也能查到街道／社区的模样，但具体的设施还是要亲自去看看哦。

3. 光顾你想住的那个区域的房产中介

当你决定了想住的地方之后，就要实地去那里寻找房产中介。事先预约也是很好的做法。实地考察之后，如果发现这一区域跟先前的想象有差距，就要随机应变，改变找房子的区域。但你应该知道，不同地域的房租差别是很大的。

4. 事先去查看房子

当你决定了想住的区域之后，就去实地看一看那里的房子吧。不仅要确认房间的布局、光照和发霉与否等房屋内部状况，还要确认走到车站的时间、附近有没有商店、邻居是否吵闹等周边情况。

5. 冷静一个晚上，甚至几天

即便找到了符合条件的房子也不要马上签合约，等自己心情平复下来之后再考虑一下这间房子是不是真的好。不只是白天，夜晚也可以去那附近探访一番，看看有没有让你介意的地方，再确认一下周边环境。

6. 签下新家的租房合约

选好房子之后，就该签合约了。如果是未成年人，要请父母或家人来做见证。要确认清楚支付房租的方式是银行汇款还是自动转账。合约中的各项条款，一定要认真核对。

搬家的准备工作

7. 搬家计划

首先决定哪天搬家，要为搬家留出足够的整理时间，不影响正常的工作和学习，然后根据搬家日期办理水、电、燃气方面的手续。搬家时由自己和家人搬运行李还是委托快递公司、搬家公司，这也要事先定好。

8. 打包行李

搬家之前有很多事情要忙，你可能没有时间慢慢打包行李，但为了自己的生活，请你尽量自己打包行李吧。当季穿着的衣物，搬家后马上要用的日用品、厨房工具、浴室用品等，可以列一个清单，条理清晰地收拾。

9. 考虑家具、家电的配置

你有新家的平面图吗？简单测量尺寸后手绘的图也可以。你要参考这张图，事先考虑好自己现有的冰箱、书架、床能不能放得进去，放在哪里最合适。要是搬完了家才发现某样东西没地方放，那就尴尬啦。

来吧，动手搬家

10. 搬家前一天

可能你在搬家之前会跟朋友们热闹一番，但请把这些事提早安排吧。搬家是一件需要耗费一整天的体力工作，如果父母能来帮忙，那在搬家前一天不如跟他们一起度过吧。

11. 搬家当天

如果委托专业公司搬家，就要严格遵守时间；如果是家里人帮你搬家，那就尽早开始行动吧。如果搬家前已经打扫完新家的话还好，如果要在搬家当天打扫，就要在行李进屋之前打扫完毕。行李要尽量在搬完家当天全部打开哦。

12. 搬家之后

首先要做的是去问候新家上下左右的邻居们，打个招呼，然后整理房间，并做好第二天的生活准备。对帮忙搬家的家人或工人也要认真表示感谢。在新家里生活，请你充分感受其中的乐趣与孤单。请不要忘记锁门哦。

最终章

一年之后

一边生活一边思考未来

请回顾一下吧，你过去一年的生活是什么样呢？第一次离开父母家，租下自己住的房子，独自一人一边亲手做家务一边生活到了现在，你过得还算好吗？

没有搞垮自己的身体，也没有给别人添麻烦（也许添过小小的麻烦吧），平安无事地过到现在，而且正常地进行着自己的学习或工作——我作为父母、作为人生的前辈，发自内心地为你感到骄傲。

与一年前的满心不安与期待相比，现在的你应该变得更加成熟了吧。独自生活一年之后，你有什么感想呢？是觉得生活这件事好难，还是会觉得独自生活虽然无忧无虑，但家务事很麻烦，不如住在父母家更轻松呢？我衷心地希望你开始渐渐体会到生活中平凡事物的重大意义。

住在父母家的"生活"——只需要把餐具洗干净收起来、打扫自己的房间、管理零用钱——和现在的"独自一人生活"之间，一定有什么根本性的区别。这个区别到底是什么呢？

我想告诉你的有两件事：一是，你已经开始"自立"了；二是，你开始获得"做家务的能力"了。人生在世，这两件事非常重要。当你真正开始做这两件事时，也就意味着你在从孩子成长为大人的路上踏踏实实地迈出了一大步。

　　在今后的岁月里，独自一人的生活会持续多久呢？你可能会结婚、生子、换工作，甚至彻底换一个城市生活。说不定你还会遭遇严重的伤病或重大的挫折，给其他人添麻烦——这样的事有可能发生在你的父母过世之后；作为父母，他们当然想要永远支持你，但是总有一天他们也会无能为力。

　　但我相信，即便遇到各种各样的困难，"自立"和"做家务的能力"这两件事都将给予你继续活下去的力量。而且，它们还能让我们与共同生活的人之间的关系变得更加丰富而深刻。

❖ 所谓"自立"的生活

在我父母那一辈人二十多岁的年代,"自立"基本等同于结婚或就业。而在现在这个年代,许多事已经发生巨大变化,没人能预言将来会如何。但正因为现在是这样一个年代,"自立"才愈发成为每个人都需要做到的事。

在本书的开篇我已经介绍过了,现在,让我们重新思考一下:自立究竟是什么?你能用自己的话说一说吗?

所谓自立,简单来说,就是自食其力,努力让自己的人生过得更好。正因如此,人的一生都在被要求自立。而且,从选择"自食其力"这一点来看,决定独自生活是你迈出的很大很大一步啊。

❖ 自由的代价是承受孤独

说到这里,请听我讲一讲自己的故事。

当初母亲迟迟不允许我离家独居,我们因此产生了一些矛盾。由于父母家在东京，我上的大学也在东京，所以在母亲的坚持下，我还继续住在家里；直到我二十六岁才终于说服了母亲，开始独自生活。因为我已经二十六岁，是一个有固定收入的成年人了，母亲也终于无话可说，只能不情不愿地准许了。尽管有这样的前因，但母亲还是来帮我搬家了。当时我在心里想的是："其实你根本不用来啊，真麻烦。"然而母亲离开之后的夜晚，我忽然感到强烈的孤独。

独自生活是我渴望多年的事，然而当我终于过上梦寐以求的生活时，当晚却从内心深处体会到了强烈的孤独感。人啊，为了得到自由，大约必须要承受孤独。

后来，当我的儿子考上大学，要离开家开始独自生活时，发生了这样的事。儿子从上高中时就一直热切盼望着上大学后从家里搬出去住。后来他考上了外地的大学，要去上学了，我开车帮他运送完行李后当天就回家了，结果当晚，我收到了儿子发来的短信——

"妈妈，您安全到家了吗？今天谢谢您。这比我原先想得更寂寞呢。"

看完，我的眼泪不禁掉了下来。

我想，当时儿子一定也明白了独自生活不光意味着自由，同时也意味着孤独。接着我不由得想到，将来有一天，儿子应该会选择跟某个人一起生活吧。

我觉得，比起到了老年、失去伴侣后才第一次尝到孤独的滋味，在年轻时就细细咀嚼过独自一人的寂寞，人会生长出不一样的坚强与适应力。

老话说得好，"独木不成林"，人是无法独自活下去的。

我希望你在体验过独居生活之后，在自食其力、努力让自己的人生过得更好的同时，也能拥有在必要时寻求他人帮助的那份灵活与智慧。

❋ 终生追问自己："我现在是个自立的人吗？"

我儿子还是个小宝宝的时候，曾经从我们手里夺走吃辅食的勺子，一边叫着"自己来"一边去舀粥，即使失败了也一直抓着勺子不肯放手。他把粥洒得地板上到处都是，但是还是将勺子里仅剩的一点点粥送进了自己嘴里，然后露出了满足的表情。

自己的事情自己做，居然能让人本能地产生如此强烈的喜悦感。第一次自己上厕所之后，他也高高兴兴地跟我报告："我做到了！"虽说上厕所只是一件小事，但就算是几乎卧床不起的老人，也会努力自己去上厕所。想到这里，我认为能够做到这些日常生活中再普通不过的小事，是让人能够产生自信、相信"我没问题"的根本原因。

你通过独自生活得到的，不也正是这份相信"我没问题"的自信吗？今后，或许你会因为太忙而把家务事往后拖，也或许会跟伴侣共同分担家务，不过，请你珍惜自己体内扎实积累的可以靠自己生活的能力。

在今后的一生中，我希望你能不断地追问自己：

"我现在过着自立的生活吗？"

"我有没有妨碍到别人的生活呢？"

"我现在是个自立的人吗？"

即使是在依赖伴侣的育儿时期，生病了卧床不起的时期，又或是上了年纪住进养老院的时期，人也有能力让自己过自立的生活。

进一步来说，今后当你身为父母面对需要你为其支付学费、生活费的孩子，当你面对生了病而无法行动自如的伴侣，当你面对总是莫名其妙固执的老去的父母，希望你始终能对"想要自立生活的人"保持敬意，并以不卑不亢的态度向他们伸出援手。

❈ 所谓"做家务的能力"

那么，你获得的另一样东西，即"做家务的能力"又是什么呢？住在父母家时，你也被要求过帮忙洗盘子、刷浴缸吧，那些事只让你觉得麻烦是不是？然而，在你独自生活的家里，为了自己的三餐、环境清洁而做那些事时，你在觉得麻烦的同时应该也会产生确切的真实感吧。

肚子饿了自己做饭吃的时候，你有没有感到一种深切的满足呢？把书桌打扫干净之后，你会不会觉得心情畅快，整个人更加积极向上了呢？规规矩矩地把垃圾丢去回收点时，即便遇到邻居也能挺起胸膛，你是不是也觉得很开心呢？当遇到重要的事情或场合时，你会不会一边熨烫打算穿的衣服，一边感到自己渐渐有了精神去面对一切呢？

为自己而做的家务事，能给予我们坚强生活的力量。在过去的一年里，你为了自己每天的生活而做了一桩又一桩家务事，这是多么珍贵的一段时光啊。因为，你在这些日子里学到的做家务的能力，大约是到死也不会遗忘的。而且，如果可能的话，请你今后都不要完全放弃做家务，而是把家务事看作能给予自己生命力的重要劳动，在日常生活中持续运用你做家务的能力吧。

❄ 所谓"家务"

①是自食其力的能力，也是和他人共同生活的能力

家务事是为了活下去而必须付出的劳动。肚子饿了自己做饭，然后饱餐一顿；被子脏了换洗床单，再把被芯放在太阳下晒一晒，干干净净地睡觉。这些事写出来似乎稀松平常，但如果你一直能认真做好这些事，细细想来这又是非常惊人的技能，不是吗？

做家务是生活的基石，在你可以自然而然地把家务做好之后，你才能够全身心地投入到学习和工作当中去。做家务是"自食其力的能力"中最基本的一项。当然，在实际的生活中，也会有不想做家务的日子；但到了某些关键时刻，"自己能做家务"这一能力就会成为到死都能支撑你的潜在力量。

你已经做了一年家务，应该已经知道所谓"家务"，并不是贴着"烹饪""打扫""洗涤""收支管理"等一目了然的标签的宏大工作了吧。

例如"烹饪"，在实际操作时要求你考虑菜单、身体状况、当下便宜的应季食材，然后找到空闲时间去买东西，回到家后要把购物袋里的菜拿出来收进冰箱。你犹豫着"要不今天还是出去吃吧，要不要做饭呢"，最后决定要做饭，然后淘米，把锅架在炉灶上……所谓"烹饪"，就是我们为了今天能吃上饭而做的一系列连名字都没有的、小小的劳动。

所谓生活，就是由这样微不足道的、乍看上去毫无价值的劳动累积起来的。尽管这些劳动中的每一项都只是个小零件，但只要弄丢一个就会导致整体都运转不畅。

当你了解那些小零件的价值之后，如果有一天跟某位重要的人一起生活，你就不会把这些琐碎而数量庞大的劳动强加于人，而会与对方共同分担。

②**是可以校正生活中细小变化的"修正带"**

生活常常没有变化，日复一日，总是在重复着。每一天，我们早上起床、吃饭、上厕所，回家之后再吃饭、洗澡，钻进同一张被子里睡觉……然而一旦发生战争，这样理所当然的重复就无法进行下去了。也就是说，生活没有变化这件事是有价值的。家务也一样，没有变化地重复、能够一直重复下去这件事本身，就是有价值的。

可是，乍一看毫无变化的重复并不意味着每次都分毫不差。比如：昨天晚上你喝多了酒，所以今天就没有食欲；今天明明已经是春天了，却冷得像冬天一样。不论我们自己还是环境，都不可能有两天是完全相同的。

请尝试从这个角度想一想：家务就是要接受那些细小的变化，然后为了能跟昨天一样生活而进行细微的修正。比如：如果早上没有食欲，就吃点自己喜欢吃的、好入口的食物，好让自己像昨天一样吃完了早饭再出门；遇到突然寒冷的日子，我们就把已经收进壁橱的冬衣拿出来穿，好让自己像之前一样可以正常出门上班。

如果你能花些心思，把家务当作生活中的"修正带"善加运用的话，那么即使遇到各种各样的情况，你每天的日子也能平稳地过下去。从这个角度一想，你有没有发觉做家务是一种充满创意的劳动呢?

③理解现状,拥有从痛苦中重新站起来的力量

每天会发生许多事,并不全是好事;总体来看,我反而觉得痛苦、悲伤的事要更多一些。作为父母,我绝不希望你遭遇独自一人垂泪的困境;然而正因为你在亲身经历自己的人生路,所以难免会有那样的经历。在那些时刻,我无法飞奔到你身边,帮你擦干眼泪,把你紧紧抱住,但有些事我想要让你知道。

我建议你,越是感觉痛苦、悲伤,越要试着去做家务。

当你连吃饭的心情都没有时,不要饿着肚子去睡觉,请淘米煮饭,让自己吃一碗热腾腾的米饭吧。那碗米饭的温度一定可以温暖你的心。为自己淘米做饭的那股干劲,也会化作让你重新站起来的力量。

当你在工作中遭遇挫折时,不要闭门不出,不要自暴自弃,不要让自己浑身沾满垃圾和灰尘。不如先把工作上的事情抛在脑后,试着去清理书桌上散乱的饮料瓶

和零食包装袋，把桌面擦干净，再用吸尘器打扫一下房间吧。整理自己身边的环境，应该也能帮助你整理自己的心。

在你已经没有心情和气力去做任何事的时候，你可能会觉得为什么还要去做家务这么麻烦的事；不过，你试着做一做就会明白了，做家务是能让人充分了解"此时此刻，活在此处"的劳动。通过做家务，我们就能一点点积攒起重新站起来的力量。

❄ 所谓"生活"

一直以来，我常常思考所谓生活到底是什么。一般来看，生活就是每天重复一成不变的日子，而做家务这件事也被看作没有变化的简单劳动。

但是，生活不是一成不变的，而是要根据环境变化、自己内心的变化逐渐做出适应性的改变。因此我认为，所谓"生活"就是接受环境的变化并稀释这些变化，好让自己每一天都平安无事地活下去。

我们在生活中随时要应对变化：到了夏季，我们拿出夏季服装，保持房间通风良好，以便缓解酷暑；到了冬季，我们准备暖和的被子，取出电暖器等防寒工具。在每天的生活中，你大概也感觉到了按照自己的方式用心应对变化的重要性吧？

我希望你记住一点：无论是谁，去年和今年都不是完全相同的。

迄今为止都过得好好的日子，总有一天会再也不能按照现在这样过下去。我想现在就告诉你，那一天正是你人生的转折期。

如果你是学生，那么接下来要就业；如果你已经就业，那么你可能会调任或离职，还有结婚——会让生活发生重大变化的转折迟早会来。尤其是从独自生活到组建新的家庭，那是非常巨大的改变。然而不论遇到哪种情况，请你都不要萌生"以前明明很轻松，接下来就费劲了"的想法，而是更积极一些——"是时候用新的生活方式去适应新的变化了！"

❈ 思考人生的阶段

在这本书里，为了帮助第一次独自生活的你踏踏实实地过上"作为人的生活"，我讲到了很多详细而具体的内容。我也一直告诉你，你经历过这一年而得到的东西将成为你今后人生路上的重要食粮。

那么在本书的最后，我希望你思考一下从过去到未来漫长的人生。为此我想要给你讲一讲"人生的阶段"。

此前我在很多地方提到过"人生有许多节点"。总的来说，这种观点是把人的一生根据年龄、身份划分为三个大的平台，而这三个平台又可以进一步划分为十二个阶段。我的著作《人生十二相——为了豁达生活的"舍弃"哲学》（人生十二相おおらかに生きるための「捨てる！」哲学）详细介绍了这一观点。

"人的一生通常来说是这样度过的哦"——"人生

十二相"就是以此为根本，想要给人生定一个时间的样板。当然，这并不是要求你必须这样活下去。我只是想要大致介绍一下人生在不同节点可能会发生的事，并且希望你能事先想想到时打算怎么做。所以请带着轻松的心情去思考吧。

接下来，就让我简单介绍一下"人生十二相"吧。

❄ 三个平台与十二个阶段

①迈向独立的平台

从出生到离家自立的"孩童时代"。

第一阶段·第一薄暮期（从出生到 3 岁左右）

即世人所说的婴儿期。

第二阶段·模仿期（大约从 3 岁到 6 岁）

一边模仿别人，一边进行各种学习。

第三阶段·助手期（大约从 6 岁到 12 岁）

通过给父母和其他大人做助手来习得各种生存技能。

第四阶段·第一自主期（大约从 12 岁到 22 岁）

经过了青春期，从原生家庭脱离并迈向独立。
——你们现在正在经历这个时期吧。

②建立各种关系的平台

与自己的家和家人建立关系，以及在工作等场合与许多人、事、物发生关系的时期。

第五阶段·自立期（大约从 22 岁到 27 岁）

渐渐从父母家独立出来的时期。

第六阶段·第一探索期（大约从 27 岁到 35 岁）

组成自己的家庭，与社会建立多种关系的时期。

第七阶段·第一繁忙期（大约从 35 岁到 50 岁）

形成了自己的生活方式，每天过得忙忙碌碌的时期。

③归纳总结的平台

忙于对迄今为止建立的与人、事、物的关系进行重新整理、重新构建的时期，也叫作"结局期"。

第八阶段·第二探索期（大约从 50 岁到 55 岁）

由于子女开始自立、父母需要照顾以及职业发生变化等，与家人及其他人的关系发生变化的时期。

第九阶段·第二繁忙期（大约从 55 岁到 75 岁）

因为照顾孙辈和年迈的父母而再度变得忙碌的时期。

第十阶段·第二自主期（大约从 75 岁到 85 岁）

送走至亲及人生伴侣，一个人自己照顾自己的时期。

第十一阶段·第二薄暮期（85 岁之后）

生命逐渐走向衰落、消亡的时期。

第十二阶段·记忆期

肉体死亡之后，活在人们记忆中的时期。

你对此怎么想呢？其中注明的年龄只是大致的标准。

有的人过了四十岁才结婚生子，也有的人为了事业上的进取而一生未婚，这都是个人选择。不过总体而言，这三个平台可以说是适用于所有人的。

在第一平台期，你应该会在父母或其他监护人的庇佑下长大；到了第二平台期，你将要以某种形式与社会建立关系，你与其他人、事、物的关系也会不断地扩展加深；而后，在谁都无法逃避的第三平台期，你必须为了迎接人生的终局做好准备。

而且，无论在哪个平台期，你与人、事、物的关系都是无法切断的。

看到这样的人生流程后，希望你今后能够按照自己的选择做好自己的人生规划。

我想，你在过去一年的独居中已经掌握了自己的金钱管理方式吧。那么，在你做人生规划时，也请认真思考如何为将来而储蓄吧。将来你可能会结婚、买房、养育子女，如果不事先预想到自己将来需要花费大量金钱，你很容易过上有多少钱就花掉多少、得过且过的生活。还有，面对漫长的人生，请你为达成自己的目标也制订一份计划吧。是为了晋升而获取资格证书，还是钻研自己的兴趣爱好，目标因人而异。另外我还想告诉你，与他人之间的关系在人生中也是非常重要的。

经过这一年的独自生活，你应该已经收获了成长。我相信，已经获得"自立"和"做家务的能力"的你，今后无论遇到什么事都能够坦然应对。

最后，祝愿刚开始独自生活的你，今后的日子幸福平安。我会一直为你祝福。

辰巳渚

2018 年春

在本书初稿基本完成后，辰巳渚女士于 2018 年 6 月 26 日因意外事故去世。

我的母亲辰巳渚

母亲去世那天是 6 月 26 日，距离我即将到来的二十岁生日只有十一天。对上大学后离开东京、独自生活了一年多的我来说，那是非常普通的一天，与平时没什么区别。

正午之前，我的手机上有一通来自父亲的未接来电和一条短信。短信里面写着："你的母亲骑摩托车时遭遇了交通事故……"这些是我下午才看见的，当时的我几乎失控了，狂奔去医院；但等我到达时，一切都晚了。在病房门外，父亲告诉我母亲已经不在了，那时我才明白什么叫作"无力感"，那是一种仿佛我当时所处的时间与空间都不是现实的感觉，至今我都记忆犹新。之后，在作为遗属将母亲交付火葬之前的三天里，我时常感到痛彻心扉。我再也见不到母亲了，再也不能跟她说话了。我明明还有许多事情想请教她，还想继续依赖她，还想好好孝敬她，但是都不能了。

从前，母亲一再对我说："好想快点跟你一起喝酒啊！""你啊，快点长到二十岁吧。"为什么您不能再稍微等等我呢？母亲还说过："摩托车是会要人命的，你绝对不能骑。"可是，为什么您自己却……对母亲，我是第一次感到如此愤怒。

最终，随着我逐渐接受了母亲已经不在人世这一不可逆转的事实，我的心中产生了各种各样的思绪与情感。我追悔莫及。人生将会发生什么是完全不可预知的，尽管这是极其理所当然、我也早该明白的事，可我仍然后悔不已。我一直在想，自己是不是原本可以再多做些什么……

如今想来，从我还是高中生时开始，我在家的时间似乎就很少了。可能因为回到家的时间都在晚上九点左右，所以，全家人一起围坐在餐桌旁的机会也就减少了。在我上大学之后，我开始独自生活，平日里当然是不在父母家的；就算是回家探亲期间，也往往为了打工赚钱或其他事忙碌，一个星期只会在家好好吃上一顿饭而已。我想，那段时间我跟家人在一起的时间真的是少得可怜。

但这绝不是因为我讨厌母亲或更喜欢外面餐馆的饭菜。要是被人问到我最尊敬的人是谁，我一定会回答是母亲；而且母亲厨艺精湛，这是大家公认的，外面餐馆的饭菜可很少有能比得上母亲的手艺的。如果有人问我，既然如此，事情又怎么会变成那样呢？我想那一定是因为，不知不觉间，家人在我心中的优先级逐渐下降了吧。

家人非常重要，但又近在身边。因此，不知从何时开始，我产生一种错觉，误以为家人的存在是理所当然的事。

当我开始独自生活之后，我以为自己足够明白这并非理所当然，但我的领悟来得太迟了——直到母亲去世，我才对此有了非常、非常强烈的感受。

母亲去世后，我才知道她在遭遇事故之前一直在执笔创作这本书。后来父亲转告我，本书的编辑老师想要委托我为它撰写后记。当我读完这本书的原稿之后，我再次感到我必须要做这件事。因为，我第一次读这本书时就强烈地感觉到：这是一本写给我的书啊！

这本书是写给那些即将开始独自生活的人及其父母看的；而我觉得，这也是母亲要将她人生的所知所得全部教给自己的子女。因此，当我读这本书时，我陷入一种感觉中无法自拔：因为我离家独自生活，所以母亲将她从前教过我的种种，再一次仔细地用书籍的形式向我传授了一遍。事实上，当我读到一些我自己没能做到的要点时，我甚至能感觉到自己正被母亲指点批评，心里还有些不舒服呢（笑）。

据说，母亲是从 2017 年的夏天开始动笔创作这本书的，那正是我离家开始独自生活刚好过去三个月的时候。或许，母亲的想法真的与此有关。

母亲在 2000 年出版了日后畅销的《"丢弃"的艺术》(「捨てる！」技術)，此后也持续进行着实用书籍的创作。然而至今为止，我也没有读过几本母亲创作的书。我觉得，我似乎没有想过要好好去了解"辰巳渚"这个人物；身为儿子，工作状态中的母亲让我感觉既近又远。不过，借这次撰写后记的机会，我从认识母亲的人们那里听到了种种关于"辰巳渚"的事，并打算把我没有读过的母亲的著作都读一读。

由于母亲去世，我才想要去了解"辰巳渚"，这似乎有些讽刺。而且我也从未设想过，居然要由我来为辰巳渚的一本著作撰写后记。

将这本书拿在手上的人，许多都是即将离开一直以来养育自己的家人、开始独自生活的人吧。正如本书"写在最前"中写到的那样，我也认为这是人生重要的一步，非常值得尊敬。然而迈出这一步，也就意味着你跟养育自己的家人在一起的时间将要变得更少；换句话说，这样的时间也就变得更加珍贵了，不是吗？你也一定还有许多事必须要向父母和家人请教吧。你们之间的关系会慢慢变化，请好好享受这个过程与时间，我觉得这是非常美好、非常值得珍惜的事。

刚才我也提到，因为家人之间距离太近，所以人会觉得家人的存在是理所当然的。但是，人生可绝非如此。

正因为开始独自生活、迈出了自立的脚步，才更要去依赖、去请教我们以前一直依赖的父母和家人，这是非常重要的事。请你珍视与家人之间的纽带吧。

我也诚挚地希望母亲留下的这些话能为你的独立生活带来帮助。

长子　加藤寅彦

图书在版编目（CIP）数据

离家之后的日子/（日）辰巳渚著；王庆钊译. 一
昆明：晨光出版社，2024.9
ISBN 978-7-5715-2077-9

Ⅰ.①离⋯ Ⅱ.①辰⋯ ②王⋯ Ⅲ.①家庭生活－基
本知识 Ⅳ.①TS976.3

中国国家版本馆CIP数据核字（2023）第171337号

著作权合同登记号 图字：23-2023-048号

LI JIA ZHI HOU DE RI ZI

离家之后的日子

〔日〕辰巳渚 著　王庆钊 译

出 版 人　杨旭恒

选题策划　王小花
责任编辑　李 政

出　　版　晨光出版社
地　　址　昆明市环城西路609号新闻出版大楼
邮　　编　650034
发行电话　（010）88356856 88356858
印　　刷　北京顶佳世纪印刷有限公司
经　　销　各地新华书店
版　　次　2024年9月第1版
印　　次　2024年9月第1次印刷
开　　本　130mm×185mm 32开
印　　张　7.5
I S B N　978-7-5715-2077-9
字　　数　94千
定　　价　49.80元

退换声明：若有印刷质量问题，请及时和销售部门（010-88356856）联系退换。